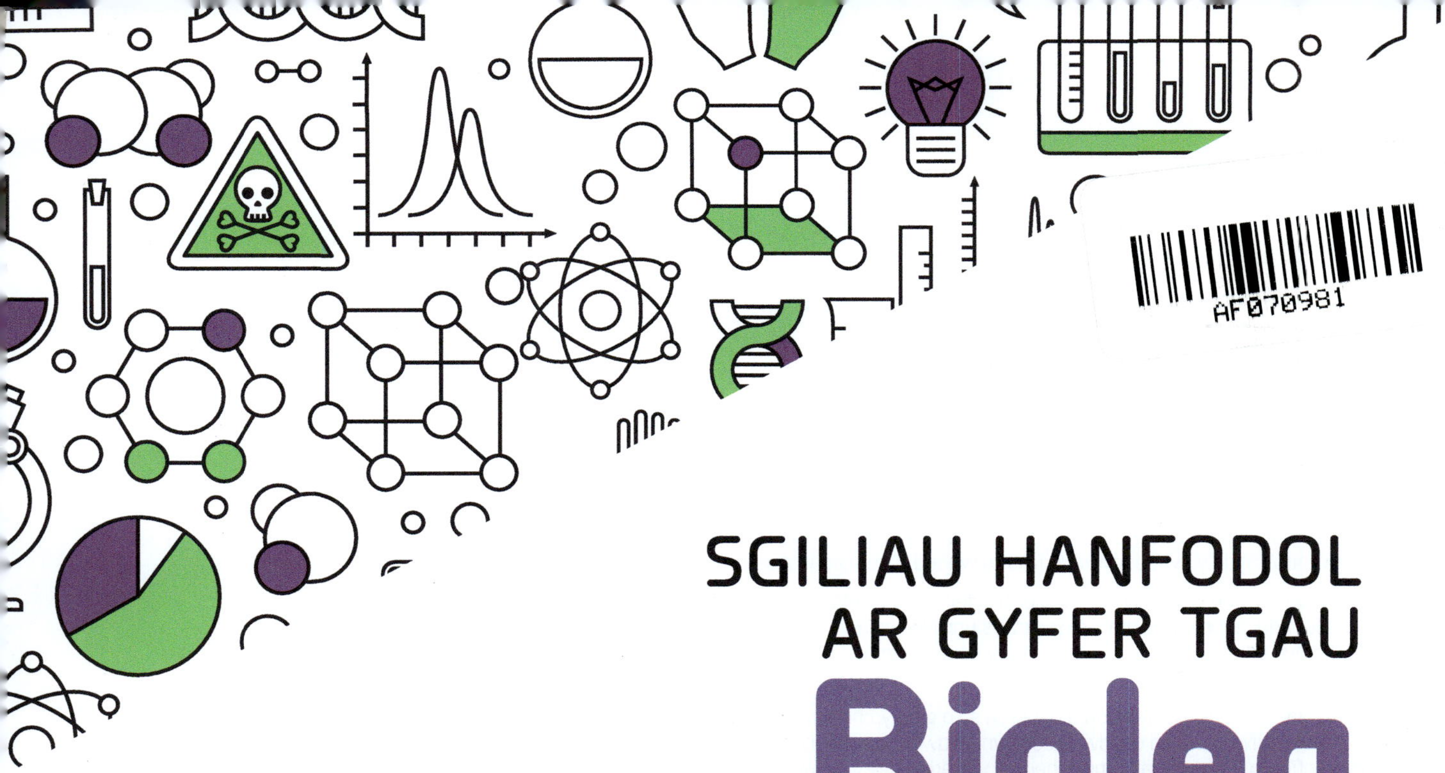

SGILIAU HANFODOL AR GYFER TGAU
Bioleg

Dan Foulder

HODDER EDUCATION
AN HACHETTE UK COMPANY

Sgiliau Hanfodol ar gyfer TGAU Bioleg

Addasiad Cymraeg o *Essential Skills for GCSE Biology* a gyhoeddwyd yn 2019 gan Hodder Education

Cyhoeddwyd dan nawdd Cynllun Adnoddau Addysgu a Dysgu CBAC

Gwnaed pob ymdrech i gysylltu â'r holl ddeiliaid hawlfraint, ond os oes unrhyw rai wedi'u hesgeuluso'n anfwriadol, bydd y cyhoeddwyr yn falch o wneud y trefniadau angenrheidiol ar y cyfle cyntaf.

Er y gwnaed pob ymdrech i sicrhau bod cyfeiriadau gwefannau yn gywir adeg mynd i'r wasg, nid yw Hodder Education yn gyfrifol am gynnwys unrhyw wefan y cyfeirir ati yn y llyfr hwn. Weithiau mae'n bosibl dod o hyd i dudalen we a adleolwyd trwy deipio cyfeiriad tudalen gartref gwefan yn ffenestr LlAU (URL) eich porwr.

Polisi Hachette UK yw defnyddio papurau sy'n gynhyrchion naturiol, adnewyddadwy ac ailgylchadwy o goed a dyfwyd mewn coedwigoedd cynaliadwy. Disgwylir i'r prosesau torri coed a gweithgynhyrchu gydymffurfio â rheoliadau amgylcheddol y wlad y mae'r cynnyrch yn tarddu ohoni.

Archebion: cysylltwch â Hachette UK Distribution, Hely Hutchinson Centre, Milton Road, Didcot, Oxon OX11 7HH. Ffôn: +44 (0)1235 827827. E-bost: education@hachette.co.uk Mae'r llinellau ar agor rhwng 9.00 a 17.00 o ddydd Llun i ddydd Gwener. Gallwch hefyd archebu trwy wefan Hodder Education: www.hoddereducation.co.uk

ISBN: 9781398334335

© Dan Foulder 2019 (Yr argraffiad Saesneg)

Cyhoeddwyd gyntaf yn 2019 gan
Hodder Education,
Cwmni Hachette UK
Carmelite House
50 Victoria Embankment
Llundain EC4Y 0DZ

© CBAC 2021 (Yr argraffiad Cymraeg hwn ar gyfer CBAC)

www.hoddereducation.co.uk

Y cynrychiolydd awdurdodedig yn yr AEE yw Hachette Ireland, 8 Castlecourt Centre, Dublin 15, D15 XTP3, Ireland (e-bost: info@hbgi.ie)

Rhif argraffiad   10 9 8 7 6 5 4 3 2

Blwyddyn 2025   2024   2023

Cedwir pob hawl. Heblaw am ddefnydd a ganiateir o dan gyfraith hawlfraint y DU, ni chaniateir atgynhyrchu na thrawsyrru unrhyw ran o'r cyhoeddiad hwn mewn unrhyw ffurf na thrwy unrhyw gyfrwng, yn electronig nac yn fecanyddol, gan gynnwys llungopïo a recordio, na'i chadw mewn unrhyw system storio ac adfer gwybodaeth, heb ganiatâd ysgrifenedig gan y cyhoeddwr neu dan drwydded gan yr Asiantaeth Trwyddedu Hawlfraint Cyfyngedig. Gellir cael rhagor o fanylion am drwyddedau o'r fath (ar gyfer atgynhyrchu reprograffig) gan yr Asiantaeth Trwyddedu Hawlfraint Cyfyngedig, www.cla.co.uk

Dalier sylw: mae argraffiad Saesneg gwreiddiol y gyfrol hon yn ymdrin â nifer o wahanol fanylebau sy'n gymwys ar draws y DU. Wrth baratoi'r llyfr Cymraeg, gwnaed pob ymdrech i addasu'r cynnwys er mwyn adlewyrchu'r hyn sydd ym manyleb CBAC. Lle nad yw'r deunydd yn uniongyrchol berthnasol i'r fanyleb, tynnir sylw at hyn mewn nodyn ar ymyl y ddalen. Serch hynny, gall fod rhai enghreifftiau eraill o gwestiynau ymarfer ac atebion sydd heb fod yn uniongyrchol berthnasol i fanyleb CBAC.

Llun y clawr © kotoffei – stock.adobe.com

Teiposodwyd gan Integra Software Services Pvt. Ltd., Puducherry, India.

Argraffwyd yn yr Eidal CPI Group (UK) Ltd, Croydon, CR0 4YY

Mae cofnod catalog y teitl hwn ar gael gan y Llyfrgell Brydeinig.

Cynnwys

Sut i ddefnyddio'r llyfr hwn — 4

1 Mathemateg
Unedau — 5
Rhifyddeg a chyfrifo rhifiadol — 6
Trin data — 13
Algebra — 28
Graffiau — 32
Geometreg a thrigonometreg — 41

2 Llythrennedd
Sut i ysgrifennu ymatebion estynedig — 45
Sut i ateb geiriau gorchymyn gwahanol — 48

3 Gweithio'n wyddonol
Cyfarpar a thechnegau — 58
Datblygu meddwl gwyddonol — 59
Sgiliau a strategaethau arbrofol — 62
Dadansoddi a gwerthuso — 67
Geirfa, meintiau, unedau a symbolau gwyddonol — 69

4 Sgiliau adolygu
Cynllunio ymlaen — 70
Defnyddio'r offer cywir — 71
Creu'r amgylchedd cywir — 74
Technegau adolygu defnyddiol — 75
Ymarfer adalw — 77
Ymarfer, ymarfer, ymarfer — 80

5 Sgiliau arholiad
Cyngor cyffredinol — 82
Amcanion asesu — 85
Geiriau gorchymyn — 87

6 Cwestiynau enghreifftiol
Papur 1 — 98

Atebion — 103
Termau allweddol — 114
Geiriau gorchymyn — 116

Mae Papur 2 Cwestiynau enghreifftiol ac atebion ar gael ar y we ar www.hoddereducation.co.uk/SgiliauHanfodolBioleg.

Sut i ddefnyddio'r llyfr hwn

Croeso i *Sgiliau Hanfodol ar gyfer TGAU Bioleg*. Mae'r llyfr hwn wedi'i gynllunio i'ch helpu chi i fynd y tu hwnt i wybodaeth bwnc-benodol, a datblygu'r sgiliau hanfodol sylfaenol i lwyddo ym maes TGAU Gwyddoniaeth. Mae'r sgiliau hyn yn cynnwys Mathemateg, Llythrennedd, a Gweithio'n Wyddonol, sgiliau mae mwy o ffocws arnyn nhw bellach.

- Mae'r bennod Mathemateg yn rhoi sylw i'r pum maes allweddol sy'n ofynnol gan y llywodraeth, â chyd-destunau gwahanol sy'n benodol i bwnc Bioleg. Yn eich arholiadau Bioleg, mae cwestiynau sy'n profi sgiliau Mathemateg yn cyfrif am 10% o'r marciau sydd ar gael.
- Mae'r bennod Llythrennedd yn eich helpu chi i ddysgu sut i ateb cwestiynau ymateb estynedig. Bydd disgwyl i chi ateb o leiaf un o'r rhain ar bob papur, gan ddibynnu ar eich manyleb, ac fel arfer maen nhw'n werth chwe marc.
- Mae'r bennod Gweithio'n Wyddonol yn rhoi sylw i'r pedwar maes allweddol ym mhob pwnc gwyddonol TGAU.
- Mae'r bennod Adolygu yn esbonio sut i adolygu'n fwy effeithlon drwy ddefnyddio technegau ymarfer adalw.
- Mae'r bennod Sgiliau Arholiad yn esbonio ffyrdd o wella eich perfformiad yn yr arholiad ei hun.

Er mwyn eich helpu chi i ymarfer eich sgiliau, mae papur arholiad enghreifftiol ar ddiwedd y llyfr, ac un arall ar gael ar y we, ar www.hoddereducation.co.uk/SgiliauHanfodolBioleg. Dydy'r rhain ddim wedi'u cynllunio i gynrychioli unrhyw bapur arholiad yn fanwl gywir, ond maen nhw'n cynnwys cwestiynau enghreifftiol tebyg i'r rhai mewn arholiad, a bydd gofyn i chi roi eich sgiliau mathemateg, llythrennedd ac ymarferol ar waith.

Yn ogystal â blychau **Term allweddol** a **Cyngor** mae nifer o nodweddion i ddatblygu eich sgiliau.

A Enghreifftiau wedi'u datrys
Mae'r blychau hyn yn cynnwys cwestiynau ac yna'n dangos y gwaith cyfrifo/datrys sydd ei angen i gyrraedd yr ateb cywir.

A Sylwadau ar atebion
Mae'r ymatebion estynedig enghreifftiol hyn yn cynnwys sylwadau ar atebion, marc, ac esboniad o'r rheswm dros ei roi.

B Arweiniad ar y cwestiynau
Mae'r blychau hyn yn eich arwain i'r cyfeiriad cywir fel y gallwch chi weithio tuag at ddatrys y cwestiwn eich hun.

B Asesu ateb myfyriwr
Mae'r gweithgareddau hyn yn gofyn i chi ddefnyddio cynllun marcio i asesu'r ateb enghreifftiol a chyfiawnhau eich sgôr.

C Cwestiynau ymarfer
Bydd y cwestiynau enghreifftiol hyn yn profi eich dealltwriaeth o'r pwnc.

C Gwella'r ateb
Mae'r gweithgareddau hyn yn gofyn i chi ailysgrifennu'r ateb enghreifftiol i'w wella ac ennill marciau llawn.

Mae atebion i'r cwestiynau i gyd yng nghefn y llyfr. Mae'r atebion hyn yn ddatrysiadau llawn sy'n cynnwys gwaith cyfrifo cam wrth gam. Mae atebion i'r ail bapur enghreifftiol i'w cael ar y we, ar www.hoddereducation.co.uk/SgiliauHanfodolBioleg.

★ Mae fersiwn Saesneg y gyfrol hon yn ymdrin â nifer o fanylebau Bioleg ar draws Cymru a Lloegr. Oherwydd hynny, mae'n bosibl nad yw rhai adrannau yn y gyfrol yn uniongyrchol berthnasol i'ch astudiaethau chi ac asesiadau CBAC. Ond rydyn ni wedi gadael yr adrannau hyn i mewn, gan eu bod yn aml yn cynnwys gwybodaeth gefndirol ddefnyddiol. Rydyn ni wedi rhoi nodyn ar ymyl y dudalen yn yr achosion hyn er mwyn tynnu eich sylw atyn nhw.

1 Mathemateg

Mae mathemateg yn rhan bwysig o TGAU Bioleg, ond does dim angen i chi boeni gormod am y sgiliau mae angen i chi eu gwybod a'u defnyddio. Bydd y sgiliau hyn i gyd yn gyfarwydd i chi o'ch cwrs TGAU Mathemateg – ond nawr byddwch chi'n eu defnyddio nhw mewn cyd-destun gwahanol, sef bioleg.

Mae cwestiynau mathemateg cyffredin mewn arholiadau Bioleg yn cynnwys lluniadu graffiau, cyfrifo cymedrau, cyfrifo tebygolrwydd o groesiadau genynnol a darganfod cyfraddau adwaith. Mae'r adran hon yn rhoi sylw i'r enghreifftiau hyn i gyd – a llawer o rai eraill.

» Unedau

Rydyn ni'n defnyddio unedau i fesur meintiau gwyddonol. Mae unedau'n bwysig iawn mewn bioleg. Heb unedau, mae gwerthoedd rhifiadol yn aml yn ddiystyr, a bydd anghofio unedau'n costio marciau i chi yn yr arholiad. Dylech chi sicrhau eich bod chi'n defnyddio unedau priodol ym mhob gwaith cyfrifo a thrin data.

Rydyn ni'n defnyddio amrywiaeth o unedau mewn bioleg. Lle bynnag y mae'n bosibl, dylech chi ddefnyddio'r unedau SI sy'n cael eu cydnabod yn rhyngwladol. Mae'r tabl isod yn crynhoi unedau SI cyffredin a allai ymddangos yn yr arholiadau Bioleg.

> **Cyngor**
>
> Mae SI yn sefyll am Système Internationale, ond does dim angen i chi wybod am hanes y system – dim ond gwybod yr unedau.

Tabl 1.1 Unedau sylfaenol TGAU Bioleg

Mesuriad	Uned	Byrfodd
màs	cilogram	kg
hyd	metr	m
amser	eiliad	s
tymheredd	gradd Celsius	°C
swm y sylwedd	môl	mol
arddwysedd goleuol	candela	cd

Byddai'n anaddas rhoi màs rhywbeth fel 'toriad' planhigyn mewn cilogramau (mae'r uned yn llawer rhy fawr), felly mae biolegwyr hefyd yn tueddu i ddefnyddio unedau llai (isluosrifau) a mwy (lluosrifau) mewn cyfrifiadau. Mae'r tabl isod yn dangos y rhai cyffredin.

> **Termau allweddol**
>
> **Unedau sylfaenol:** Mae'r system SI wedi'i seilio ar yr unedau hyn.
>
> **Isluosrifau:** Ffracsiynau uned sylfaenol neu uned ddeilliadol, fel centi- yn y term centimetr.
>
> **Lluosrifau:** Niferoedd mawr o unedau sylfaenol neu ddeilliadol, fel cilo- yn y term cilogram.

Tabl 1.2 Unedau isluosol a lluosol cyffredin

Rhagddodiad	Symbol	Ystyr	Enghraifft
micro-	µ	un miliynfed	$1\,\mu m = \dfrac{1}{1\,000\,000}$
mili-	m	un milfed	$1\,ms = \dfrac{1}{1000}$
centi-	c	un canfed	$1\,cm = \dfrac{1}{100}$
cilo-	k	un fil	$1\,kg = 1000$
Mega-	M	un filiwn	$1\,Mm = 1\,000\,000\,m$ neu $1000\,km$

Rhifyddeg a chyfrifo rhifiadol

Mynegiadau ar ffurf ddegol

Mae rhifau degol yn cynnwys digidau i'r dde i'r pwynt degol (.), er enghraifft 5.1 neu 0.9.

Gallwn ni dalgrynnu rhifau degol i fyny neu i lawr i roi gwerthoedd a chyfrifiadau mwy syml. Dyma sut rydyn ni'n talgrynnu:

- Mae angen i werthoedd sy'n gorffen mewn 0.5 neu fwy (0.6, 0.7, 0.8, 0.9) gael eu talgrynnu i fyny, er enghraifft talgrynnu 0.68 i 0.7.
- Mae angen i werthoedd sy'n gorffen mewn 0.4 neu lai (0.3, 0.2, 0.1) gael eu talgrynnu i lawr, er enghraifft talgrynnu 0.34 i 0.3.

Dylech chi sicrhau eich bod chi'n defnyddio'r nifer priodol o leoedd degol (ll.d.) wrth dalgrynnu atebion i gwestiynau arholiad. Mae'n debyg y bydd hyn yn dibynnu ar nifer y ffigurau ystyrlon sy'n cael eu defnyddio yn y cwestiwn (mae mwy o wybodaeth am ffigurau ystyrlon ar dudalennau 13–14) neu ar y data sydd wedi'u rhoi.

Wrth ateb cwestiynau ymarferol sy'n cynnwys mesuriadau, ddylech chi ddim defnyddio mwy o leoedd degol nag sydd yn y mesuriad lleiaf manwl gywir. Er enghraifft, os yw pren mesur yn cael ei ddefnyddio i fesur arwynebedd ochrau ciwb i'r 0.1 cm agosaf, wrth ddefnyddio'r gwerth hwn i gyfrifo'r arwynebedd arwyneb (cm^2) a'r cyfaint (cm^3), ddylech chi ddim defnyddio mwy nag un lle degol.

Mae gan y rhan fwyaf o werthoedd nifer union o leoedd degol, ond mae eraill yn gallu cynnwys degolion cylchol (er enghraifft $\frac{1}{3}$ = 0.333333333 cylchol) neu nifer anfeidraidd o leoedd degol (fel pi – π). Mae'n bwysig talgrynnu'r gwerthoedd anarferol hyn i'r nifer priodol o leoedd degol.

> **Cyngor**
> Rydyn ni'n aml yn defnyddio rhifau degol hefyd i fynegi ffracsiynau, er enghraifft $\frac{1}{2}$ = 0.5.

> **Term allweddol**
> **Lleoedd degol:** Nifer y cyfanrifau sy'n cael eu rhoi ar ôl pwynt degol.

> **Cyngor**
> Os ydych chi'n creu tablau canlyniadau yn eich arholiad neu mewn tasg ymarferol ofynnol, cofiwch roi'r un nifer o leoedd degol i'r gwerthoedd i gyd.

A Enghraifft wedi'i datrys

Mae cyfaint stumog ddynol yn cael ei amcangyfrif yn 1.065 litr. Ysgrifennwch y cyfaint hwn i'r 0.1 litr agosaf.

Cam 1 Gan mai 6 yw gwerth yr ail le degol, mae angen talgrynnu i fyny i un lle degol.

Cam 2 Mae hyn yn rhoi'r ateb: 1.065 litr = 1.1 litr (i'r 0.1 litr agosaf).

B Arweiniad ar y cwestiynau

1. **Mae diamedr gwreiddyn yn 0.345 cm. Ysgrifennwch y diamedr hwn i un lle degol.**

   Cam 1 Yr ail le degol yw 4, felly mae angen talgrynnu i lawr.

   Cam 2 Diamedr y gwreiddyn i un lle degol = ...

2. **Yn ystod ymchwiliad i ddwysedd meinwe ffwng, mae clorian ddigidol yn cael ei defnyddio i fesur màs sampl i'r 0.01 g agosaf. Mae pren mesur yn cael ei ddefnyddio i fesur y ffwng i ddarganfod y cyfaint. Mae'r pren mesur yn mesur i'r 0.1 cm agosaf. Yna, mae'r dwysedd mewn g/cm^3 yn cael ei gyfrifo.**

   Beth yw nifer mwyaf y lleoedd degol a ddylai gael eu defnyddio wrth nodi'r dwysedd?

   Cam 1 Mae dau ddarn o gyfarpar yn cael eu defnyddio i ddarganfod y dwysedd. Mae un yn gywir i ddau le degol (y glorian) ac un yn gywir i un lle degol (y pren mesur). Cofiwch: ni ddylai'r dwysedd sy'n cael ei gyfrifo ddefnyddio mwy o leoedd degol na'r darn o gyfarpar lleiaf manwl gywir.

   Cam 2 Nifer y lleoedd degol = ...

> **C Cwestiynau ymarfer**
>
> 3 Mae ymchwiliad i actifedd amylas yn cynhyrchu 6.8736 g o glwcos. Ysgrifennwch y màs hwn i ddau le degol.
>
> 4 Mewn cadwyn fwyd, mae'r effeithlonrwydd trawsnewid yn 10.2% rhwng yr ysydd cynradd a'r ysydd eilaidd, ac yn 9.8% rhwng yr ysydd eilaidd a'r ysydd trydyddol. I sawl lle degol y dylai effeithlonrwydd trawsnewid y cynhyrchwyr a'r ysyddion cynradd gael ei roi? Esboniwch eich ateb.

Mynegiadau ar ffurf safonol

Mewn bioleg, rydyn ni'n aml yn defnyddio rhifau mawr iawn neu rifau bach iawn. Er enghraifft, gallai'r egni mae planhigyn yn ei gael o'r Haul fod yn 1 800 000 kJ/m²/bl, a gallai diamedr cell facteriol fod yn 0.005 mm. Yn hytrach nag ysgrifennu'r rhifau hyn â llawer o seroau, sy'n eu gwneud nhw'n anodd eu darllen a'u deall, gallwn ni ddefnyddio ffurf safonol (neu nodiant gwyddonol) i gyflwyno'r rhifau'n fwy cryno. Dyma rai enghreifftiau:

$$10\,000 = 1 \times 10^4$$
$$1000 = 1 \times 10^3$$
$$100 = 1 \times 10^2$$
$$10 = 1 \times 10^1$$
$$0.1 = 1 \times 10^{-1}$$
$$0.01 = 1 \times 10^{-2}$$
$$0.001 = 1 \times 10^{-3}$$
$$0.0001 = 1 \times 10^{-4}$$

Mae nifer y seroau'n cael ei drosi'n bŵer 10 wrth ysgrifennu pob rhif ar ffurf safonol. Rydyn ni'n ysgrifennu pwerau fel rhifau uwchysgrif – er enghraifft, rydyn ni'n ysgrifennu 10 i bŵer 2 fel 10^2 – y rhif 2 bach uchel yw'r pŵer.

Mae pŵer positif yn golygu lluosi â'r pŵer 10 hwnnw. Yn y bôn, mae hyn yn golygu bod angen i chi luosi â 10 yr un nifer o weithiau â'r pŵer. Er enghraifft, mae gan 1×10^3 y pŵer 3, felly rydyn ni'n lluosi 1 â 10 dair gwaith:

$$1 \times 10 \times 10 \times 10 = 1000 = 1 \times 10^3$$

Wrth gynrychioli rhifau sy'n llai nag 1 ar ffurf safonol, rydych chi'n cael pwerau negatif (er enghraifft 1×10^{-1}). Yn y bôn, mae hyn yn golygu bod angen i chi rannu â 10 yr un nifer o weithiau â'r pŵer. Er enghraifft, mae gan 1×10^{-2} y pŵer −2, felly mae angen rhannu 1 â 10 ddwywaith:

$$1 \div 10 \div 10 = 0.01 = 1 \times 10^{-2}.$$

> **Cyngor**
>
> Wrth luosi rhifau ar ffurf safonol, mae angen adio'r pwerau at ei gilydd a lluosi'r rhifau eraill.

A Enghreifftiau wedi'u datrys

1. **Mae lled tiwb sylem yn 0.072 mm. Ysgrifennwch y lled hwn ar ffurf safonol.**

   Cam 1 Rydyn ni'n gwybod bod $0.01 = 1 \times 10^{-2}$

   Cam 2 Gan fod y lled yn 0.072, mae angen rhoi 7.2 yn lle'r 1

   Cam 3 Mae hyn yn rhoi ateb o $0.072 \text{ mm} = 7.2 \times 10^{-2} \text{ mm}$

2. **Mae safle samplu coedwig dymherus yn 2×10^3 m o hyd ac 1×10^3 m o led. Beth yw cyfanswm arwynebedd y safle samplu?**

   Wrth luosi rhifau ar ffurf safonol, mae angen adio'r pwerau at ei gilydd a lluosi'r rhifau eraill.

   $$2 \times 10^3 \times 1 \times 10^3$$
   $$= 2 \times 1 \times 10^{3+3}$$
   $$= 2 \times 10^6 \text{ m}^2$$

B Arweiniad ar y cwestiynau

1. **Mae ysgyfant dynol yn cynnwys 500 miliwn o alfeoli. Cyfaint cymedrig un alfeolws yw 4.2×10^{-3}. Beth yw cyfanswm cyfaint cymedrig yr holl alfeoli yn yr ysgyfant hwn? Rhowch eich ateb ar ffurf safonol.**

   Cam 1 Yn gyntaf, mae angen trawsnewid nifer yr alfeoli yn ffurf safonol:

   500 miliwn = ...

   Cam 2 Nawr, lluosi nifer yr alfeoli â chyfaint cymedrig un alfeolws:

   $4.2 \times 10^{-3} \times$ .... = ...

2. **Mae rhywogaeth bacteriwm yn rhannu bob dwy awr. Os oes 10 o facteria yn y boblogaeth wreiddiol, faint o facteria fyddai yno ar ôl 24 awr? Defnyddiwch yr hafaliad isod a rhowch eich ateb ar ffurf safonol:**

   Poblogaeth bacteria = poblogaeth gychwynnol y bacteria $\times 2^{\text{nifer y rhaniadau}}$

   Cam 1 Cyfrifo sawl rhaniad fydd yn digwydd mewn 24 awr. I wneud hyn, mae angen rhannu'r amser rhannu cymedrig â chyfanswm yr amser.

   $24 \div 2 = 12$

   Felly, mae'r bacteria'n rhannu 12 gwaith mewn 24 awr.

   Cam 2 Amnewid y gwerthoedd i'r hafaliad.

   Poblogaeth bacteria = 10×2^{12} = ...

> **Term allweddol**
>
> **Cymedr:** Math o gyfartaledd yw'r cymedr. Cymedrig yw'r ansoddair. Rydyn ni'n sôn am gymedrau ar dudalennau 14–15.

C Cwestiynau ymarfer

3. Mae màs cytref ffwngaidd yn cael ei amcangyfrif yn 605 000 kg. Rhowch y rhif hwn ar ffurf safonol.

4. Mae diamedr cnewyllyn yn 0.005 mm. Ysgrifennwch y rhif hwn ar ffurf safonol.

5. Mae rhywogaeth bacteriwm yn rhannu bob 5 awr. Os oes 200 o facteria yn y boblogaeth wreiddiol, faint o facteria fyddai yno ar ôl 30 awr? Defnyddiwch yr hafaliad yn Arweiniad ar y cwestiwn 2 a rhowch eich ateb ar ffurf safonol.

RHIFYDDEG A CHYFRIFO RHIFIADOL

Ffracsiynau, canrannau a chymarebau

Ffracsiynau a chanrannau

Rhan o rif cyfan yw **ffracsiwn**, ac rydyn ni'n ei fynegi fel rhif cyfan wedi'i rannu â rhif cyfan arall. Y rhif uwchben y llinell mewn ffracsiwn yw'r **rhifiadur** a'r rhif isaf yn y ffracsiwn yw'r **enwadur**.

Wrth ddefnyddio ffracsiynau, mae'n arfer da ysgrifennu pob ffracsiwn ar ei ffurf symlaf, er enghraifft gallech chi ysgrifennu $\frac{5}{10}$ fel $\frac{4}{8}$, $\frac{3}{6}$ neu $\frac{2}{4}$, ond dylech chi ddefnyddio'r ffurf symlaf, sef $\frac{1}{2}$.

I ganfod ffurf symlaf ffracsiwn, mae angen rhannu'r rhifiadur a'r enwadur (y rhif uchaf a'r rhif isaf) â'r un rhif cyfan (**ffactor gyffredin**), a dal i wneud hyn nes nad yw'n bosibl rhannu'r rhifiadur a'r enwadur eto i roi rhifau cyfan.

Er enghraifft, yn $\frac{2}{8}$ gallwn ni rannu'r rhifiadur a'r enwadur â 2 i roi rhifau cyfan, felly $\frac{2}{8} = \frac{1}{4}$.

Yn $\frac{9}{12}$ gallwn ni rannu'r rhifiadur a'r enwadur â 3 i roi rhifau cyfan, felly $\frac{9}{12} = \frac{3}{4}$. Dydy hi ddim yn bosibl rhannu 3 a 4 eto â'r un rhif i roi rhifau cyfan, felly $\frac{3}{4}$ yw'r ffordd symlaf o ysgrifennu'r ffracsiwn hwn.

Fel ffracsiynau, mae canrannau'n cynrychioli rhan o rif cyfan. Yn wahanol i ffracsiynau, rydyn ni'n eu mynegi nhw ar ffurf rhif ac yna'r symbol canran %, sy'n golygu 'wedi'i rannu â 100' neu 'allan o 100'. Er enghraifft: $\frac{1}{4} = \frac{25}{100} = 25\%$.

I drosi ffracsiwn yn ganran, mae angen rhannu'r rhifiadur (y rhif uchaf) â'r enwadur (y rhif isaf) a lluosi â 100.

> **Termau allweddol**
>
> **Ffracsiwn:** Rhif sy'n cynrychioli rhan o rif cyfan.
>
> **Rhifiadur:** Y rhif uwchben y llinell mewn ffracsiwn.
>
> **Enwadur:** Y rhif o dan y llinell mewn ffracsiwn.
>
> **Ffactor gyffredin:** Rhif cyfan sy'n rhannu i mewn i'r enwadur a'r rhifiadur mewn ffracsiwn i roi rhifau cyfan.

> **Cyngor**
>
> Os yw'r rhifiadur a hefyd yr enwadur yn ddau eilrif, dydy'r ffracsiwn ddim ar ei ffurf symlaf.

A Enghreifftiau wedi'u datrys

1. **Mewn prawf cyffuriau, mae symptomau 12 o 36 o gyfranogwyr yn gwella. Ysgrifennwch hyn fel ffracsiwn ar ei ffurf symlaf.**

   Cam 1 Ysgrifennu 12 allan o 36 fel ffracsiwn: $\frac{12}{36}$.

   Cam 2 Rhannu'r ddau rif yn y ffracsiwn â'r un rhif i gael rhifau cyfan. Mae 12 a 36 yn ddau eilrif, felly mae 2 yn ffactor. Mae rhannu'r ddau â 2 yn rhoi $\frac{6}{18}$.

   Cam 3 Mae 6 ac 18 hefyd yn ddau eilrif, felly rydyn ni'n rhannu'r ddau eto â 2 i gael $\frac{3}{9}$.

   Cam 4 Mae'n amlwg bod 3 yn ffactor gyffredin i 3 a 9. Mae rhannu'r ddau â 3 yn rhoi $\frac{1}{3}$.

   Dydy hi ddim yn bosibl rhannu'r rhifiadur a'r enwadur eto â'r un ffactor i gael rhifau cyfan, felly ffurf symlaf y ffracsiwn yw $\frac{1}{3}$.

2. **Mae ymchwiliad yn cael ei gynnal i effaith newid crynodiad NaCl ar fàs sampl moronen mewn hydoddiant. Mae'r sampl moronen yn colli 3 g o'i gyfanswm màs o 10 g. Pa ganran o'i màs mae'r foronen yn ei cholli?**

   Cam 1 Yn yr achos hwn, mae'r 'cyfan' yn 10 g ac mae'r 'rhan' yn 3 g, felly mae'r foronen yn colli $\frac{3}{10}$ o'i màs.

   Cam 2 I droi'r ffracsiwn hwn yn ganran, mae angen rhannu'r rhifiadur (3) â'r enwadur (10) a lluosi â 100:

   $\frac{3}{10} \times 100 = 30\%$

> **Cyngor**
>
> Os ydych chi'n cydnabod o'r dechrau bod 12 yn ffactor i 36, ffordd gyflymach o wneud y cyfrifiad fyddai rhannu'r rhifiadur a'r enwadur â'u ffactor gyffredin 12:
>
> $\frac{12}{12} = 1$
>
> $\frac{36}{12} = 3$
>
> felly $\frac{12}{36} = \frac{1}{3}$

B Arweiniad ar y cwestiynau

1. Fe wnaeth stociau penfras ym Môr Iwerydd leihau'n sylweddol yn ystod yr ugeinfed ganrif. Yn y blynyddoedd diwethaf, mae stociau penfras wedi dechrau adfer, ond mae gwyddonwyr yn parhau i astudio poblogaethau penfras yn ofalus. Mewn un ardal benodol, yr amcangyfrif oedd bod biomas penfras wedi lleihau o 2500 tunnell i 1500 tunnell. Cynrychiolwch y biomas newydd hwn fel ffracsiwn o'r biomas gwreiddiol. Rhowch eich ateb ar ei ffurf symlaf.

    1500 yw'r rhifiadur a 2500 yw'r enwadur.

    Cam 1 Mae hyn yn rhoi'r ffracsiwn $\frac{1500}{2500}$

    Nid dyma ffurf symlaf y ffracsiwn hwn.

    Cam 2 I ganfod ffurf symlaf y ffracsiwn hwn, mae angen rhannu'r ddau rif â ffactor gyffredin. Ffactor gyffredin fwyaf y ddau rif hyn yw 500.

    $$\frac{\text{biomas newydd}}{\text{biomas gwreiddiol}} = \text{.................}$$

2. Mewn diwrnod, mae 4000 kJ o egni golau o'r Haul yn syrthio ar blanhigyn. Mae'r planhigyn yn trawsnewid 52 kJ o'r egni hwn yn gynhyrchion ffotosynthetig.

    Cyfrifwch pa mor effeithlon yw'r trosglwyddiad egni hwn, gan roi eich ateb fel canran.

    I gyfrifo effeithlonrwydd canrannol y trosglwyddiad egni hwn, mae angen rhannu swm yr egni yn y cynhyrchion ffotosynthetig â chyfanswm yr egni sy'n syrthio ar y planhigyn, yna lluosi'r ateb â 100.

    Cam 1 Effeithlonrwydd trosglwyddo egni = ... ÷ .... × 100

    Cam 2 Effeithlonrwydd trosglwyddo egni = ...

C Cwestiynau ymarfer

3. Mae ymchwiliad yn cael ei gynnal i drosglwyddiad biomas drwy ecosystem gweundir. Mae'r canlyniadau'n cael eu defnyddio i luniadu'r gadwyn fwyd ganlynol.

    | Grug
300 000 kJ | → | Grugiar (iâr y grug)
19 000 kJ | → | Llwynog
2100 kJ |

    Cyfrifwch effeithlonrwydd y trosglwyddiadau isod. Ym mhob achos, rhowch eich ateb fel canran a hefyd fel ffracsiwn ar ei ffurf symlaf.

    a y grug i'r rugiar
    b y rugiar i'r llwynog

4. Y pedwar bas mewn DNA yw adenin (A), thymin (T), cytosin (C) a gwanin (G). Mae A yn paru â T bob amser, ac mae C yn paru â G bob amser.

    Mewn sampl DNA penodol, mae 30% o'r basau yn thymin. Cyfrifwch pa ganran o'r basau sy'n gwanin.

Cymarebau

Mae **cymhareb** yn mynegi perthynas rhwng meintiau. Mae'n dangos faint o un peth sydd gennych chi o'i gymharu â faint o un neu fwy o bethau eraill. Rydyn ni'n defnyddio colon (:) i wahanu'r rhifau mewn cymarebau.

Er enghraifft, tybiwch fod dau blanhigyn o rywogaeth benodol yn cael eu croesi ac yn cynhyrchu wyth epil â phetalau coch am bob pedwar epil â phetalau porffor. Felly, cymhareb y planhigion â phetalau coch i'r planhigion â phetalau porffor yw 8 : 4.

> **Term allweddol**
>
> **Cymhareb:** Ffordd o gymharu meintiau; er enghraifft, cymhareb tri afal a phedwar oren yw 3 : 4.

RHIFYDDEG A CHYFRIFO RHIFIADOL

Yn union fel ffracsiynau, dylech chi geisio cynrychioli cymarebau ar eu ffurf symlaf. I wneud hyn:

- Rhannwch bob rhif yn y gymhareb â'r un rhif (ffactor gyffredin).
- Daliwch i wneud hyn nes bod gennych chi fynegiad sydd ddim yn gallu cael ei rannu eto i roi rhifau cyfan.
- Yn yr enghraifft uchod, gallwn ni rannu dwy ochr y gymhareb â 4 i roi rhifau cyfan. Yna, y gymhareb yw 2 blanhigyn petalau coch : 1 planhigyn petalau porffor.
- Dydy hi ddim yn bosibl rhannu'r rhifau 2 ac 1 â'r un rhif i roi rhifau cyfan, felly dyma ffurf symlaf y gymhareb.

A Enghraifft wedi'i datrys

Mewn croesiad genynnol, cymhareb ddisgwyliedig yr epil yw 3 blew hir : 1 blew byr. Os oes 20 o epil, faint o'r epil byddech chi'n disgwyl iddyn nhw fod â blew hir a faint fyddai â blew byr?

Cam 1 Adio'r rhifau yn y gymhareb at ei gilydd: $3 + 1 = 4$

Cam 2 Rhannu cyfanswm nifer yr epil â'r nifer sydd wedi'i ganfod yng Ngham 1.

$$20 \div 4 = 5$$

Dyma faint mae pob '1' yn y gymhareb yn ei gynrychioli.

Cam 3 Lluosi pob rhif yn y gymhareb â'r gwerth rydych chi wedi'i ganfod yng Ngham 2.

Felly, rydyn ni'n disgwyl:

$3 \times 5 = 15$ epil blew hir
$1 \times 5 = 5$ epil blew byr

B Arweiniad ar y cwestiynau

1 Mae croesiad genynnol yn cael ei gynnal i gyfrifo'r epil disgwyliedig wrth fridio dau bysgodyn gyda'i gilydd. Yn y rhywogaeth hon, mae pysgod â rhesi coch yn drechol dros bysgod â rhesi oren. Roedd un pysgodyn yn heterosygaidd â rhesi coch, a'r llall yn homosygaidd â rhesi oren.

Defnyddiwch ddiagram sgwâr Punnett i ddarganfod cymhareb ddisgwyliedig yr epil â rhesi oren i'r rhai â rhesi coch.

Cam 1 Defnyddio C ar gyfer yr alel trechol, ac c ar gyfer yr alel enciliol. Genoteip y rhiant â rhesi coch yw Cc. Genoteip y rhiant â rhesi oren yw cc.

Cam 2 Mae hyn yn rhoi'r croesiad genynnol canlynol:

Rhieni: Cc cc
Gametau: C c c c

	c	c
C		
c		

Cam 3 Cymhareb ddisgwyliedig yr epil = ...

C Cwestiwn ymarfer

2 Mae cyfaint organeb tua 8 cm^3 a'i harwynebedd arwyneb tua 24 cm^2. Beth yw cymhareb arwynebedd arwyneb : cyfaint yr organeb hon?

1 MATHEMATEG

Amcangyfrif canlyniadau

Wrth wneud cyfrifiadau, mae'n gallu bod yn ddefnyddiol amcangyfrif yr ateb yn gyntaf. Mae amcangyfrifon yn gallu golygu y byddwch chi'n sylwi ar gamgymeriadau amlwg. Er enghraifft, os ydych chi'n pwyso'r rhif anghywir ar eich cyfrifiannell, neu'n rhannu yn lle lluosi wrth wneud cyfrifiad, bydd amcangyfrif yn dangos i chi fod eich ateb yn amlwg yn anghywir. Yna, gallwch chi wirio'r cyfrifiad a chywiro eich camgymeriad.

Mae amcangyfrif i fod yn gyflym. Mae hyn yn golygu bod angen i chi wneud y cyfrifiadau mor hawdd â phosibl. Y ffordd orau o wneud hyn yw talgrynnu pob gwerth sydd wedi'i roi i'r deg, i'r cant neu i'r rhif cyfan cyfleus arall agosaf. Chewch chi ddim y rhif 'cywir' fel ateb, ond cewch chi amcangyfrif bras ohono.

★ **Does dim angen y testun hwn yn benodol ar gyfer TGAU Bioleg CBAC, ond gall fod yn ddefnyddiol er hynny.**

A Enghraifft wedi'i datrys

Mae darn o goedwig law'r Amazon wedi dioddef datgoedwigo dwys. Mae hyn wedi effeithio ar ardal 33 km o hyd ac 1.89 km o led. Amcangyfrifwch gyfanswm yr arwynebedd.

Cam 1 I amcangyfrif yr arwynebedd yn gyflym, mae angen talgrynnu'r ddau werth sydd wedi'u rhoi i wneud y cyfrifiad yn fwy syml.

Talgrynnu 33 km i lawr i 30 km

Talgrynnu 1.89 km i fyny i 2 km

Cam 2 Gwneud y cyfrifiad gan ddefnyddio'r gwerthoedd wedi'u talgrynnu.

Mae hyn yn rhoi amcangyfrif arwynebedd o 30 km × 2 km = 60 km^2

Wrth ddefnyddio cyfrifiannell i ganfod yr arwynebedd gan ddefnyddio'r gwerthoedd yn y cwestiwn, yr ateb yw: 33 km × 1.89 km = 62.37 km^2

Yn amlwg, mae gwahaniaeth rhwng yr amcangyfrif a'r gwerth gwirioneddol: nid 60 km^2 yw'r ateb cywir, ond mae ein hamcangyfrif yn agos.

> **Cyngor**
> Mae amcangyfrif yn sgìl defnyddiol sy'n gallu eich helpu chi i wirio a yw cyfrifiad yn gywir, ond mewn arholiad mae'n bwysig defnyddio eich cyfrifiannell i ganfod y gwerth yn fanwl gywir ac ysgrifennu hwn fel yr ateb.

B Arweiniad ar y cwestiynau

1. Mae ymchwiliad yn cael ei gynnal i boblogaeth mwydod nematod mewn dau sampl o bridd coedwig. Roedd 781 651 o fwydod yn sampl A, a 314 528 yn sampl B. Amcangyfrifwch gyfanswm nifer y mwydod yn y ddau sampl.

   I amcangyfrif y cyfanswm, mae angen talgrynnu'r ddau rif i'r 10 000 agosaf ac yna adio'r ddau.

   Cam 1 Talgrynnu'r ddau rif: .... + ...

   Cam 2 Swm yr amcangyfrif o gyfanswm y boblogaeth = ...

2. Mewn ymchwiliad i ensymau, mae 12 g o gynnyrch yn cael ei gynhyrchu mewn 19 munud. Amcangyfrifwch gyfradd yr adwaith hwn mewn g/mun.

   Cam 1 Talgrynnu 12 g a hefyd 19 munud i'r 10 agosaf: .... a ....

   Cam 2 Canfod cyfradd yr adwaith drwy rannu màs y cynnyrch dros amser.

   Cyfradd yr adwaith = ...

> **Cyngor**
> Mae amcangyfrifon hefyd yn gallu eich helpu chi i sylwi ar gamgymeriadau amlwg yn eich atebion. Er enghraifft, yn y cwestiwn hwn, pe baech chi wedi pwyso ÷ yn lle × ar y gyfrifiannell, byddech chi wedi cael 17.46 km^2, sy'n edrych yn anghywir ar yr olwg gyntaf. Yna, gallech fynd yn ôl a chywiro'r camgymeriad.

C Cwestiynau ymarfer

3. Mewn ymchwiliad i dryllediad, mae'r amser mae'n ei gymryd i gyrraedd ecwilibriwm yn cael ei gofnodi. Mae'r ymchwiliad yn cael ei ailadrodd dair gwaith.

    196 munud, 202 munud, 190 munud

    Amcangyfrifwch yr amser cymedrig mae'n ei gymryd i gyrraedd ecwilibriwm mewn munudau.

4. Yn ystod y dydd, mae crynodiad glwcos yng ngwaed unigolyn yn gostwng o 6.3 mmol/L i 3.9 mmol/L. I amcangyfrif y newid canrannol yng nghrynodiad y glwcos yn y gwaed, mae ymchwilydd yn gwneud y cyfrifiad canlynol:

    $$\frac{3}{6} \times 100\% = 50\%$$

    Ai dyma'r amcangyfrif gorau gallai'r ymchwilydd fod wedi'i wneud? Esboniwch eich ateb.

» Trin data

Defnyddio ffigurau ystyrlon

Mae ffigurau ystyrlon yn gallu bod yn bwnc cymhleth, ond mae rhai rheolau cyffredinol ar gyfer eu defnyddio nhw. Mae eithriadau i'r rheolau isod, ond mae'r rhain yn annhebygol o ymddangos mewn arholiad TGAU. Yn gyffredinol, mae **pob** digid yn ffigur ystyrlon heblaw yn yr enghreifftiau isod:

- **Sero arweiniol** yw seroau o flaen digid sydd ddim yn sero. Er enghraifft, mae dau sero arweiniol yn 0.07, a dydy'r rhain ddim yn ffigurau ystyrlon. Dim ond un ffigur ystyrlon sydd yn 0.07 (sef 7). Rydyn ni'n ysgrifennu'r seroau i wneud y **gwerth lle** yn gywir.

- **Sero dilynol** yw sero sy'n dilyn digid sydd ddim yn sero os nad yw'r sero oherwydd talgrynnu neu'n cael ei ddefnyddio i ddangos gwerth lle. Er enghraifft, mae gwerth sydd wedi'i dalgrynnu i'r cant agosaf (er enghraifft 600 g) yn cynnwys dau sero dilynol sydd ddim yn arwyddocaol, felly dim ond un ffigur ystyrlon sydd ynddo (sef 6). Byddai gwerth sydd 600 g yn union, fodd bynnag, yn cynnwys tri ffigur ystyrlon, a byddai'r seroau yn yr achos hwn yn ystyrlon.

- **Digidau ffug** yw digidau sy'n gwneud i werth sydd wedi'i gyfrifo edrych yn fwy trachywir na'r data gwreiddiol a gafodd eu defnyddio yn y cyfrifiad. Er enghraifft, tybiwch fod un ochr i sgwâr yn cael ei mesur â phren mesur yn 13.1 cm o hyd. Mae defnyddio'r mesuriad hwn i gyfrifo arwynebedd y sgwâr yn rhoi gwerth o 171.61 cm² (13.1 × 13.1). Dim ond i dri ffigur ystyrlon roedd y pren mesur yn mesur, ond mae'r ateb sydd wedi'i roi'n cynnwys pum ffigur ystyrlon. Mae hyn yn golygu bod y ddau ddigid olaf (6 ac 1) yn ffug ac na ddylen nhw gael eu cynnwys yn yr ateb terfynol. Felly, dylai'r canlyniad gael ei dalgrynnu i 172 cm² (tri ffigur ystyrlon fel yn y mesuriad gwreiddiol).

Wrth ddefnyddio dau neu fwy o ddarnau o gyfarpar mesur, dylai terfynau'r mesuriad lleiaf manwl gywir gael eu defnyddio wrth nodi'r canlyniadau sy'n cael eu cyfrifo. Mae hyn yn golygu y dylech chi ddefnyddio'r un nifer o ffigurau ystyrlon â'r cyfarpar **lleiaf** manwl gywir. Fel arfer, bydd hyn yn golygu defnyddio yr un nifer o leoedd degol â'r darn o gyfarpar lleiaf manwl gywir. Mae mwy o fanylion am drachywiredd, manwl gywirdeb a chydraniad ar dudalennau 64–65.

> **Cyngor**
> Mae'r term 'ffigurau ystyrlon' yn aml yn cael ei dalfyrru i 'ff.y.' neu 'ffig yst'.

> **Termau allweddol**
> **Sero arweiniol:** Sero o flaen digid sydd ddim yn sero, er enghraifft mae gan 0.6 un sero arweiniol.
>
> **Gwerth lle:** Gwerth digid mewn rhif, er enghraifft yn 926, mae gan y digidau y gwerthoedd 900, 20 a 6 i roi'r rhif 926.
>
> **Sero dilynol:** Sero ar ddiwedd rhif.
>
> **Digidau ffug:** Digidau sy'n gwneud i werth sydd wedi'i gyfrifo edrych yn fwy trachywir na'r data a gafodd eu defnyddio yn y cyfrifiad gwreiddiol.

1 MATHEMATEG

A Enghreifftiau wedi'u datrys

1. **Darganfyddwch sawl ffigur ystyrlon sydd yn y rhif 0.0304.**

   Cam 1 Canfod y digid cyntaf o'r chwith sydd ddim yn sero. 3 yw hwn.
   Cam 2 Mae'r ddau sero i'r chwith i'r 3 yn seroau arweiniol, felly dydy'r rhain ddim yn ystyrlon.
   Cam 3 Mae'r tri digid arall (3, 0 a 4) yn ystyrlon.
   Cam 4 Felly, mae gan y rhif hwn dri ffigur ystyrlon.

2. **Mae màs ymennydd oedolyn dynol yn 1368 g. Ysgrifennwch y màs hwn i ddau ffigur ystyrlon.**

   Cam 1 Y digid ystyrlon cyntaf yw 1, a'r digid sy'n union i'r dde ohono, 3, yw'r ail ddigid ystyrlon. Y rhain yw'r ddau ddigid ystyrlon mae angen i ni eu defnyddio i gyfrifo ein hateb.
   Cam 2 I gyfrifo'r ateb, mae angen i ni benderfynu a allwn ni ddefnyddio 3 fel yr ail ffigur ystyrlon (er enghraifft, ateb o 1300) neu a fydd angen ei dalgrynnu i fyny i 4 (er enghraifft, ateb o 1400). Er mwyn cael gwybod a ddylen ni dalgrynnu i fyny neu i lawr, mae angen edrych ar y digid sy'n union i'r dde o'r 3.
   Cam 3 Yn yr achos hwn, 6 yw'r digid, felly mae angen i ni dalgrynnu 1368 i fyny i 1400.
   Cam 4 Felly, y màs yw 1400 g i ddau ffigur ystyrlon. Ffordd arall o ysgrifennu hyn yw 1.4×10^3 g ar ffurf safonol (mae mwy o fanylion am ffurf safonol ar dudalen 7).

B Arweiniad ar y cwestiwn

1. **Ysgrifennwch y rhif 0.040891 i ddau ffigur ystyrlon.**

   Cam 1 Canfod y digid cyntaf o'r chwith sydd ddim yn sero (dydy seroau arweiniol i'r chwith o hwn ddim yn ystyrlon): ....

   Cam 2 Canfod yr ail ffigur ystyrlon mae angen i chi ei gadw: ....

   Cam 3 Edrych ar y digid sy'n union i'r dde o'r ail ffigur ystyrlon a'i ddefnyddio i benderfynu oes angen talgrynnu i fyny neu i lawr.

   Ateb i ddau ffigur ystyrlon: ....

C Cwestiynau ymarfer

2. Ysgrifennwch 5783 g i ddau ffigur ystyrlon.

3. Ysgrifennwch 0.63830 mm i dri ffigur ystyrlon.

4. Yn ystod ymchwiliad i gyfradd adwaith wedi'i gataleiddio gan ensym, mae clorian yn cael ei defnyddio i fesur 71.6 g o gynnyrch a gynhyrchwyd mewn 10.5 awr. Mae'r màs hwn yn cael ei ddefnyddio i gyfrifo cyfradd adwaith o 6.819 g/awr. Ysgrifennwch yr ateb i'r nifer cywir o ffigurau ystyrlon.

> **Term allweddol**
> **Cymedr rhifyddol:**
> Cyfanswm set o werthoedd wedi'i rannu â nifer y gwerthoedd yn y set – cyfartaledd yw'r enw arno weithiau.

Canfod cymedrau rhifyddol

'Cyfartaledd' yw'r cymedr (mewn tablau neu hafaliadau), ac rydyn ni'n ei gyfrifo drwy adio pob gwerth unigol mewn set ddata at ei gilydd a rhannu â chyfanswm nifer y gwerthoedd sy'n cael eu defnyddio.

Y cymedr yw'r cyfartaledd mwyaf cyffredin mewn bioleg, a'r un byddwch chi'n ei ddefnyddio fel arfer mewn ymchwiliadau ymarferol. Er enghraifft, gallech chi ei ddefnyddio wrth ymchwilio i effaith arddwysedd golau ar nifer y swigod mae dyfrllys yn eu cynhyrchu: ailadrodd pob arddwysedd golau dair gwaith a chanfod cymedr nifer y swigod.

TRIN DATA

Mae rhai anfanteision o ddefnyddio'r cymedr i roi cyfartaledd data gan fod canlyniadau eithafol (neu **allanolion**) yn gallu ei sgiwio. Mae'r tabl isod yn dangos enghraifft o hyn.

Tabl 1.3 Anfanteision y cymedr

Tymheredd (°C)	20	20	20
Cyfradd adwaith proteas (1 / amser mae'n ei gymryd)	0.1	0.2	0.9

Term allweddol
Allanolyn: Pwynt data sy'n llawer mwy neu'n llawer llai na'r pwynt data agosaf ato.

Yn y set ddata hon, mae 0.9 yn wahanol iawn i'r gwerthoedd eraill, felly mae'n edrych yn debygol iawn bod y gwerth hwn yn allanolyn. Mae hyn yn golygu y gallwn ni ei eithrio wrth gyfrifo'r cymedr:

$$\frac{(0.1 + 0.2)}{2} = 0.15$$ (2 yw nifer y gwerthoedd data sy'n cael eu defnyddio i gyfrifo'r cymedr)

Pe bai 0.9 wedi cael ei gynnwys, byddai wedi rhoi gwerth cymedrig o:

$$\frac{(0.1 + 0.2 + 0.9)}{3} = 0.4$$

Mae'r ail werth hwn yn llawer mwy na'r cymedr sy'n cael ei gyfrifo heb ddefnyddio'r allanolyn, felly nid yw'n cynrychioli'r data cystal.

Cyngor
Os oes allanolion yn bresennol mewn set ddata, mae'n gallu bod yn fwy priodol defnyddio math arall o gyfartaledd (fel y canolrif neu'r modd – gweler tudalen 23) neu gallwch chi anwybyddu'r allanolion cyn cyfrifo'r cymedr.

A Enghreifftiau wedi'u datrys

1 Mae'r tabl isod yn dangos canlyniadau arolwg o gyfrif celloedd gwyn y gwaed mewn claf dros wythnos. Cyfrifwch gyfrifon cymedrig celloedd gwyn y gwaed y claf, gan roi eich ateb i'r rhif cyfan agosaf.

Dydd	Cyfrif celloedd gwyn y gwaed (celloedd / μl)
1	8000
2	8500
3	9000
4	8300
5	8600
6	8000
7	8100

Cyngor
Celloedd am bob microlitr (μl) yw'r uned rydyn ni'n ei defnyddio wrth gyfrif celloedd gwyn y gwaed. Fydd dim disgwyl i chi gofio'r uned hon.

Cam 1 Adio'r gwerthoedd data i gyd at ei gilydd:
8000 + 8500 + 9000 + 8300 + 8600 + 8000 + 8100 = 58 500

Cam 2 Rhannu â chyfanswm nifer y pwyntiau data, sef 7. 58 500 ÷ 7 = 8357.143

Cam 3 Gan fod y cwestiwn yn gofyn am y rhif i'r rhif cyfan agosaf, talgrynnu'r ateb i lawr: 8357 cell/μl

2 Mae'r tabl isod yn dangos canlyniadau ymchwiliad i gyfradd adwaith ensym amylas. Llenwch y ddau werth sydd ar goll yn y tabl.

Crynodiad yr amylas (%)	Amser mae'r hydoddiant yn ei gymryd i droi'n ddu–las / eiliadau			
	1	2	3	Cymedr
20	300	350	376	342
40	270	278	266	
60	190	185	177	
80	124	131	121	125
100	45	62	58	55

Cyngor
Mae'r tabl hwn yn rhoi'r gwerthoedd cymedrig i gyd fel rhifau cyfan, felly dylech chi sicrhau bod eich atebion hefyd yn rhifau cyfan. Mae hyn yn golygu y bydd y gwerthoedd cymedrig i gyd yn gyson.

Cam 1 Adio'r tri mesuriad amser at ei gilydd ar gyfer crynodiad amylas 40% a rhannu â 3. Mae hyn yn rhoi ateb o 271 eiliad.

Cam 2 Adio'r tri mesuriad amser at ei gilydd ar gyfer crynodiad amylas 60% a rhannu â 3. Mae hyn yn rhoi ateb o 184 eiliad.

B Arweiniad ar y cwestiwn

1. Mae'r data isod yn dangos yr amser mae'n ei gymryd i gelloedd mewn blaenwreiddyn gyflawni meiosis. Cyfrifwch yr amser cymedrig mae'n ei gymryd i'r celloedd gyflawni meiosis. Rhowch eich ateb i ddau ffigur ystyrlon.

Cell	Amser mae'n ei gymryd i gyflawni meiosis / oriau
1	15
2	19
3	21
4	18
5	23

Cam 1 Adio'r amseroedd i gyd at ei gilydd: ....

Cam 2 Rhannu cyfanswm yr amseroedd â nifer y pwyntiau data:

.... ÷ .... = ...

> **Cyngor**
>
> Er bod y cwestiwn hwn yn gofyn am ateb i ddau ffigur ystyrlon, ddylech chi ddim talgrynnu cyfanswm yr amseroedd mae'n ei gymryd i ddau ffigur ystyrlon. Mae angen gadael y talgrynnu tan ddiwedd y cyfrifiad.

C Cwestiynau ymarfer

2. Mae'r tabl isod yn dangos canlyniadau ymchwiliad i arddwysedd golau mewn tri safle gwahanol. Cwblhewch y tabl i ddangos yr arddwysedd golau cymedrig yn safle B.

Safle	Arddwysedd golau (lwmen)			
	1	2	3	Cymedr
A	1900	1800	1950	1883
B	1500	1600	1700	
C	1200	1350	1250	1267

3. Mae'r tabl isod yn dangos canlyniadau ymchwiliad i'r amser mae'n ei gymryd i amylas dorri'r startsh i lawr.

Prawf	Amser mae'n ei gymryd i dorri'r startsh i lawr yn llwyr (eiliadau)
1	350
2	400
3	90

Cyfrifwch yr amser cymedrig mae'n ei gymryd i dorri'r startsh i lawr yn llwyr. Esboniwch sut gwnaethoch chi gyrraedd eich ateb.

> **Cyngor**
>
> Math o **ddata toredig** yw data categorïaidd.
>
> Y math arall o ddata y bydd angen i chi wybod amdano yw **data di-dor**.

Llunio tablau amlder, siartiau bar a histogramau

Mae llawer o wahanol ffyrdd o gynrychioli data. Mae'r adran hon yn rhoi sylw i ddefnyddio tablau amlder, siartiau bar a histogramau.

Tablau amlder a siartiau bar

Mae tablau amlder yn dangos yr amlder (pa mor aml mae rhywbeth yn digwydd) o fewn set ddata. Mae tablau amlder yn arbennig o ddefnyddiol i roi golwg gyffredinol ar ddata, neu i gyfrifo'r modd (mae mwy o fanylion am y modd ar dudalen 23).

Mae'n bosibl defnyddio siartiau bar i ddangos amlder **data categorïaidd** (data sy'n gallu cael eu rhoi mewn categorïau). Fel arfer, rydyn ni'n plotio'r categorïau ar yr echelin x, ac amlder ar yr echelin y. Yn wahanol i histogram, dydy'r barrau ar siart bar ddim yn cyffwrdd â'i gilydd, i ddangos bod y barrau'n cynrychioli categorïau sydd ar wahân.

> **Termau allweddol**
>
> **Data categorïaidd:** Data sy'n gallu cymryd un o nifer cyfyngedig o werthoedd (neu gategorïau). Math o ddata toredig yw data categorïaidd.
>
> **Data di-dor:** Data sy'n gallu cymryd unrhyw werth ar raddfa ddi-dor, er enghraifft hyd mewn metrau.
>
> **Data toredig:** Data sy'n gallu cymryd amrediad cyfyngedig o wahanol werthoedd, er enghraifft lliw llygaid.

TRIN DATA

A Enghraifft wedi'i datrys

Mae'r data isod yn dangos canlyniadau ymchwiliad i oed grŵp o eliffantod benywol wrth fynd yn feichiog am y tro cyntaf. Mae'r gwerthoedd i gyd wedi'u rhoi mewn blynyddoedd.

| 18 | 22 | 24 | 22 | 19 | 18 | 20 | 20 | 20 | 20 |

Cam 1 I lunio'r diagram amlder ysgrifennu'r oedrannau i gyd yn y golofn ar y chwith.

Cam 2 Cyfrif sawl gwaith mae pob oedran yn digwydd; dyma'r amlder. Cofnodi'r rhifau hyn yn y golofn dde.

Oed y benywod wrth fynd yn feichiog am y tro cyntaf	Amlder
18	2
19	1
20	4
22	2
24	1

Plotiwch y data yn y tabl amlder mewn siart bar.

Mewn siart bar, fel arfer byddai'r echelin lorweddol yn dangos y categorïau data gwahanol (yr oedrannau yn yr achos hwn), a byddai'r echelin fertigol yn dangos gwerthoedd y categorïau. Dylai'r raddfa ar yr echelin fertigol fod yn llinol (er enghraifft, cynyddu yr un gwerth rhwng pob graddnod) a dylai fod ganddi darddbwynt (man cychwyn).

Cam 3 Plotio'r data ar y graff.

Mewn siart bar, ar gyfer pob categori, rydyn ni'n lluniadu bar yn estyn o'r echelin lorweddol i fyny at y gwerth ar yr echelin fertigol sy'n gysylltiedig â'r categori hwnnw. Dydy'r barrau ar siart bar ddim yn cyffwrdd â'i gilydd sy'n dangos bod y data mewn categorïau sydd ar wahân a ddim yn gorgyffwrdd.

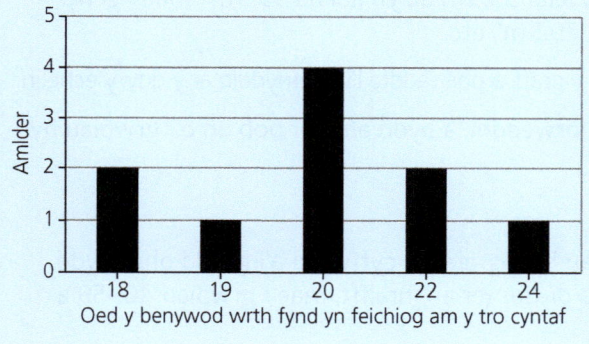

Cyngor
Mae'r data hyn yn gategorïaidd oherwydd bod pob oed yn gategori ar wahân a does dim gorgyffwrdd rhwng y gwahanol gategorïau. Y ffordd orau o gyflwyno'r math hwn o ddata yw mewn siart bar.

Cyngor
Mae graddfeydd yn gallu dechrau o sero, ond does dim rhaid iddyn nhw. Mae enghraifft o hyn i'w gweld yn y siart yn yr enghraifft wedi'i datrys ar dudalen 18.

Cyngor
Rydyn ni'n llunio tablau amlder fel hwn yn yr un ffordd â'r tabl amlder yn yr enghraifft wedi'i datrys ar dudalen 18, ond yn hytrach na grwpio data di-dor, mae'r data mewn categorïau pendant.

B Arweiniad ar y cwestiwn

1 Mae'r tabl isod yn dangos canlyniadau arolwg o rywogaethau ystlumod. Defnyddiwch yr echelinau i luniadu siart bar o'r data hyn.

Rhywogaeth ystlum	Amlder
Ystlum hirglust llwyd	2
Ystlum lleiaf	5
Ystlum mawr	1

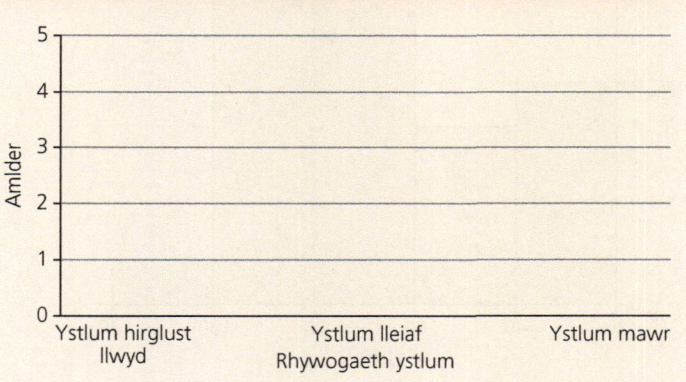

C Cwestiwn ymarfer

2 Mae'r tabl isod yn dangos canlyniadau arolwg blodau gwyllt. Lluniadwch siart bar i ddangos y data hyn.

Rhywogaeth blodyn gwyllt	Amlder
Gorthyfail	16
Llygad y dydd	52
Glas yr ŷd	4
Briallen Fair	23

Histogramau

Rydyn ni'n defnyddio histogramau i ddangos yr amlder mewn set ddata ddi-dor. Maen nhw'n wahanol i siartiau bar gan fod ganddyn nhw raddfa *ddi-dor* ar yr echelin x, ac mae'r barrau'n cyffwrdd.

A Enghraifft wedi'i datrys

Mae'r tabl isod yn dangos canlyniadau arolwg o gochwydd mawr (*giant redwoods*). Plotiwch y data hyn ar histogram.

Uchder (m)	Amlder
20–39	5
40–59	4
60–79	7
80–99	8
100–119	1

Mae uchder yn newidyn di-dor a all fod ag unrhyw werth o fewn amrediad di-dor. Er bod y rhifau yng ngholofn chwith y tabl yn rhifau cyfan, maen nhw'n cynrychioli uchderau sydd wedi'u talgrynnu i'r metr agosaf. Felly, mae'r grŵp 40–59 yn sefyll am 'pob hyd sydd o leiaf 39.5 m ac yn llai na 59.5 m'; mae'r grŵp 60–79 yn sefyll am 'pob hyd sydd o leiaf 59.5 m ac yn llai na 79.5 m', etc.

Cam 1 Penderfynu pa wybodaeth i'w dangos ar hyd dwy echelin y graff, a pha raddfa i'w defnyddio ar y ddwy echelin.

Ar yr histogram, bydd grwpiau uchderau'r coed ar yr echelin lorweddol, a bydd amlder pob un o'r grwpiau hyn ar yr echelin fertigol.

Cam 2 Plotio'r data ar y graff.

Mae histogram yn edrych yn debyg i siart bar, ond mae barrau histogram yn cyffwrdd â'i gilydd oherwydd does dim 'bylchau' rhwng grwpiau cyfagos o werthoedd data di-dor (er enghraifft, mae'r grwpiau 40–59 a 60–69 yn 'cyffwrdd' yn 59.5).

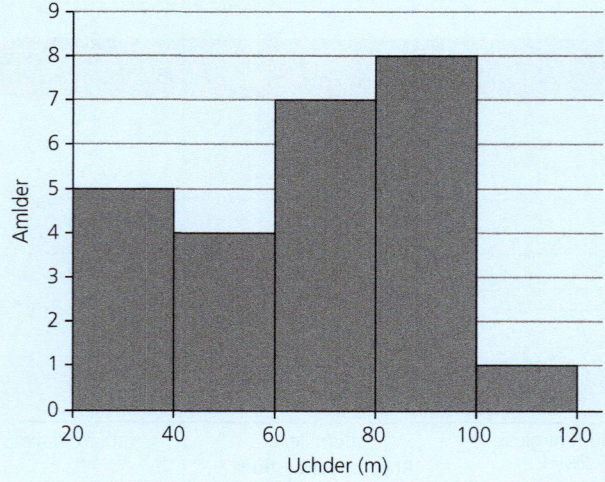

B Arweiniad ar y cwestiwn

1. Mae'r data isod yn dangos màs sych sampl o gnydau â'u genynnau wedi'u haddasu (GM).
Lluniwch histogram o'r data hyn gan ddefnyddio'r echelinau isod.

Màs (g)	Amlder
0–49	1
50–99	6
100–149	15
150–199	3

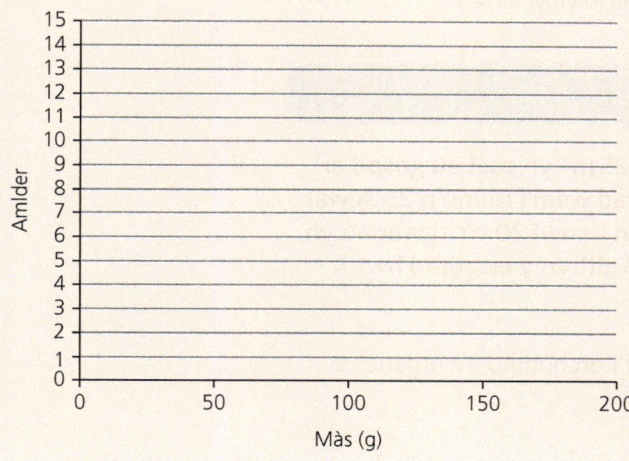

C Cwestiwn ymarfer

2. Mae'r tabl isod yn dangos canlyniadau ymchwiliad i gyfraddau curiad y galon wrth orffwys. Lluniwch histogram o'r data hyn.

Cyfradd curiad y galon wrth orffwys (*bpm*)	Amlder
60–69	14
70–79	59
80–89	132
90–99	97

Deall egwyddorion samplu

Mae samplu yn destun ymarferol eang iawn. Yn yr adran hon, byddwn ni'n edrych ar y fathemateg sy'n gysylltiedig â rhai o'r technegau samplu ecolegol sy'n gallu ymddangos o fewn TGAU Bioleg.

Cwadradau

Offer i fesur toreithrwydd organebau ansymudol, fel planhigion, yw cwadradau. Gallwn ni ddefnyddio cwadradau i amcangyfrif:

- amlder rhywogaeth: nifer yr unigolion o rywogaeth benodol sydd yn yr ardal samplu
- dwysedd rhywogaeth: nifer yr unigolion o rywogaeth benodol i bob uned arwynebedd
- gorchudd canrannol: y canran o arwynebedd y cwadrad sydd wedi'i lenwi gan unigolion o rywogaeth benodol. Mae'r mesur hwn yn arbennig o ddefnyddiol ar gyfer rhywogaethau lle byddai hi'n anodd cyfrif pob planhigyn unigol, er enghraifft glaswellt.

Termau allweddol

Ecolegol: Y berthynas rhwng organebau byw a'i gilydd ac a'u hamgylchoedd ffisegol.

Cwadradau: Offer i fesur toreithrwydd organebau ansymudol.

MATHEMATEG

Dal ac ail-ddal

Mae'r dechneg samplu hon yn caniatáu i ni amcangyfrif nifer yr organebau symudol (er enghraifft pryfed lludw) mewn ardal benodol.

Yn gyntaf, caiff nifer o organebau o rywogaeth benodol eu dal o ardal benodol a'u marcio. Yna, caiff yr organebau hyn eu rhyddhau. Ar ôl cyfnod penodol, caiff yr un ardal ei samplu eto, ac fe gaiff nifer yr unigolion sydd wedi'u marcio ymysg yr ail sampl hwn eu cyfrif. Yna, gallwn ni amcangyfrif cyfanswm maint y boblogaeth drwy ddefnyddio'r hafaliad:

$$\text{Maint y boblogaeth} = \frac{(\text{cyfanswm y nifer yn y sampl cyntaf} \times \text{cyfanswm y nifer yn yr ail sampl})}{\text{nifer sydd wedi'u marcio yn yr ail sampl}}$$

A Enghreifftiau wedi'u datrys

1 Wrth wneud gwaith samplu, mae cwadradau $0.25\,m^2$ yn cael eu gosod ar hap mewn grid 10 m wrth 10 m. Mae pob cwadrad wedi'i rannu'n 25 sgwâr o'r un maint. Yng nghwadrad 1, mae glaswellt yn llenwi 20 o'r sgwariau yn y cwadrad. Beth yw gorchudd canrannol y glaswellt yn y cwadrad hwn?

I ganfod y gorchudd canrannol:

Cam 1 Rhannu arwynebedd y cwadrad sydd wedi'i orchuddio â'r organeb â chyfanswm arwynebedd y cwadrad:

$20 \div 25 = 0.80$

Cam 2 Lluosi'r ateb hwn â 100:

$0.80 \times 100 = 80\%$

Felly, mae gorchudd canrannol y glaswellt yn y cwadrad hwn yn 80%.

2 Yn ystod gweithgaredd samplu, caiff 56 o bryfed lludw eu dal, eu marcio ac yna eu rhyddhau. Yna, mae'r samplu'n cael ei ailadrodd wythnos yn ddiweddarach. Yn yr ail weithgaredd samplu, caiff 60 o bryfed lludw eu dal. Mae 32 o'r rhain wedi'u marcio. Cyfrifwch faint poblogaeth y pryfed lludw.

Cam 1 Defnyddio'r hafaliad dal ac ail-ddal i amcangyfrif maint poblogaeth y pryfed lludw.

Cam 2 Amnewid y gwerthoedd sydd wedi'u rhoi i'r hafaliad dal ac ail-ddal:

Maint poblogaeth = (cyfanswm y nifer yn y sampl cyntaf × cyfanswm y nifer yn yr ail sampl) ÷ nifer sydd wedi'u marcio yn yr ail sampl

$= (56 \times 60) \div 32 = 3360 \div 32 = 105$

> **Cyngor**
> Bydd cwestiwn arholiad am ddal ac ail-ddal yn rhoi'r hafaliad i chi.

B Arweiniad ar y cwestiynau

1 Yn ystod arolwg o boblogaeth crancod, caiff 92 o grancod eu dal, eu tagio ac yna eu rhyddhau. Nifer o fisoedd yn ddiweddarach, mae 78 o grancod yn cael eu dal ac o'r rhain, mae 15 wedi'u tagio. Defnyddiwch yr hafaliad isod i gyfrifo maint poblogaeth y crancod.

$$\text{Maint y boblogaeth} = \frac{(\text{cyfanswm y nifer yn y sampl cyntaf} \times \text{cyfanswm y nifer yn yr ail sampl})}{\text{nifer wedi'u marcio yn yr ail sampl}}$$

Cam 1 Nifer yn y sampl cyntaf = 92; nifer yn yr ail sampl = 78; nifer wedi'u marcio yn yr ail sampl = 15

Cam 2 Maint y boblogaeth = $\frac{(\ldots\ldots \times \ldots\ldots)}{\text{nifer wedi'u marcio yn yr ail sampl}} = \frac{\ldots\ldots}{\ldots\ldots} = \ldots\ldots$

TRIN DATA

2. Mae arolwg o *Digitalis* yn cael ei gynnal mewn cae. Mae canlyniadau 10 cwadrad i'w gweld isod. Mae arwynebedd pob cwadrad yn 0.25 m².

Cwadrad	1	2	3	4	5	6	7	8	9	10
Nifer y *Digitalis*	2	1	3	0	0	2	1	3	0	4

Beth oedd amlder rhywogaeth *Digitalis*?

Cam 1 Cyfrif sawl cwadrad oedd yn cynnwys *Digitalis*. Y nifer yw: ....

Cam 2 Rhannu nifer y cwadradau sy'n cynnwys *Digitalis* â chyfanswm nifer y cwadradau, a lluosi â 100 i gael canran:

Amlder rhywogaeth = (..................... ÷ ....) × 100 = ... %

C Cwestiynau ymarfer

3. Mewn ymchwiliad i boblogaeth malwod mewn ardal, mae 105 yn cael eu dal a'u marcio. Bythefnos yn ddiweddarach, mae'r gweithgaredd samplu'n cael ei ailadrodd. O 120 o falwod a gafodd eu dal, roedd 45 wedi'u marcio. Amcangyfrifwch gyfanswm maint y boblogaeth malwod.

4. Yn ystod ymchwiliad i boblogaeth rhywogaeth glaswellt, mae cwadrad â 25 sgwâr o'r un maint yn cael ei ddefnyddio i amcangyfrif y gorchudd canrannol. Yn un o'r cwadradau, roedd 15 o'r sgwariau wedi'u gorchuddio â'r glaswellt. Amcangyfrifwch orchudd canrannol y glaswellt yn y cwadrad hwn.

Tebygolrwydd syml

Fel arfer, byddwn ni'n mynegi tebygolrwyddau fel degolion neu ffracsiynau, ac weithiau fel canrannau. Wrth astudio TGAU Bioleg, byddwch chi'n gweld tebygolrwydd yng nghyd-destun croesiadau genynnol. Os yw rhywbeth yn sicr o ddigwydd, mae ganddo debygolrwydd o 1 (neu 100%). Os yw rhywbeth yn sicr o beidio â digwydd, mae ganddo debygolrwydd o 0.

Cyfanswm tebygolrwydd pob canlyniad posibl mewn arbrawf yw 1. Felly, os yw'r tebygolrwydd y bydd rhywbeth yn digwydd yn 0.25, y tebygolrwydd na fydd y peth hwnnw'n digwydd yw 0.75 (oherwydd 0.25 + 0.75 = 1).

A Enghreifftiau wedi'u datrys

1. Mae rhywogaeth o neidr yn gallu bod â marciau coch neu felyn arni. Mewn un boblogaeth benodol o'r nadroedd, mae'r tebygolrwydd bod marciau coch ar neidr yn 0.65. Beth yw'r tebygolrwydd bod marciau melyn ar neidr yn y boblogaeth hon?

Cam 1 Darganfod pob canlyniad posibl – coch neu felyn. Mae tebygolrwyddau pob canlyniad posibl yn adio i 1.

Cam 2 Ysgrifennu hafaliad i ddangos tebygolrwyddau pob canlyniad posibl yn adio i 1.

Tebygolrwydd marciau coch + tebygolrwydd marciau melyn = 1

Cam 3 Aildrefnu'r hafaliad hwn i wneud tebygolrwydd marciau melyn yn destun.

1 − tebygolrwydd marciau coch = tebygolrwydd marciau melyn

Cam 4 Datrys yr hafaliad hwn i ganfod y tebygolrwydd bod gan neidr farciau melyn.

1 − 0.65 = 0.35

Y tebygolrwydd bod marciau melyn ar neidr yw 0.35.

2 Mewn bodau dynol, y cromosomau rhyw (X ac Y) sy'n pennu rhyw biolegol. Mae gan wrywod XY ac mae gan fenywod XX. Defnyddiwch groesiad genetig i ddangos y tebygolrwydd bod cwpl yn cael baban sy'n ferch. Rhowch eich ateb fel canran.

Cam 1 Ysgrifennu genoteipiau'r rhieni.

Rhieni:　　　　　XX　　　　　　XY

Cam 2 Ysgrifennu'r gametau mae'r rhieni'n eu cynhyrchu.

Gametau:　　　X　　X　　X　　Y

Cam 3 Defnyddio'r gametau i luniadu sgwâr Punnett i ganfod genoteip yr epil.

	X	Y
X	XX	XY
X	XX	XY

Cam 4 Ysgrifennu cymhareb ddisgwyliedig yr epil.

Cymhareb ddisgwyliedig yr epil = 2 fenyw (XX) : 2 wryw (XY) = 1 fenyw : 1 gwryw

Cam 5 I gyfrifo'r tebygolrwydd o gael merch o'r gymhareb hon, mae angen rhannu nifer y benywod â chyfanswm y rhifau yn y gymhareb. Gan fod y cwestiwn wedi gofyn am yr ateb fel canran, mae'n rhaid i chi luosi eich ateb â 100

$\frac{1}{2} \times 100 = 50\%$

Mae siawns 50% bod y cwpl yn cael merch.

> **Cyngor**
>
> Mae tebygolrwydd yn ymwneud â siawns, felly mae'n bosibilrwydd bob amser na fydd y canlyniadau gwirioneddol yr un fath â'r canlyniadau disgwyliedig. Dyma pam, er mai'r canlyniad mwyaf tebygol wrth gael dau o blant yw un bachgen ac un ferch, mae llawer o rieni mewn gwirionedd yn cael dwy ferch neu ddau fachgen.

B Arweiniad ar y cwestiwn

1 Mae gan Sarah a David dri bachgen. Mae David yn meddwl ei bod hi'n fwy tebygol y byddan nhw'n cael merch y tro nesaf yn hytrach na bachgen arall. Ydy David yn gywir? Esboniwch eich ateb.

Cam 1 Canfod y tebygolrwydd o gael bachgen.

Cam 2 Ydy'r tebygolrwydd hwn yn fwy na'r tebygolrwydd o gael merch? Os yw, mae David yn gywir; os nad yw, mae David yn anghywir.

C Cwestiynau ymarfer

2 Mewn rhywogaeth planhigyn, ffrwythau gwyrdd yw'r ffenoteip trechol a ffrwythau melyn yw'r ffenoteip enciliol. Mae croesiad genynnol yn cael ei gynnal i amcangyfrif canlyniadau croesi dau blanhigyn heterosygaidd.

Lluniadwch ddiagram sgwâr Punnett i benderfynu'r tebygolrwydd y bydd gan yr epil ffrwythau melyn. Defnyddiwch y symbolau canlynol:

G = alel trechol

g = alel enciliol

3 Y tebygolrwydd bod gan fochyn cwta ffwr hir yw 0.6. Mae dau fochyn cwta eisoes yn rhieni i ddau epil â ffwr byr. Beth yw'r tebygolrwydd y bydd gan eu hepil nesaf ffwr hir?

TRIN DATA

Deall cymedr, modd a chanolrif

Dyma'r tri math o gyfartaledd byddwch chi'n eu gweld yn eich cwestiynau arholiad TGAU Bioleg:

1. Cymedr: hwn yw'r cyfartaledd, ac mae'n cael sylw yn yr adran 'cymedrau' ar dudalennau 14–15.

2. Canolrif: dyma'r gwerth canol yn y set ddata. I ganfod y canolrif, mae angen gosod y pwyntiau data i gyd yn eu trefn a dewis y gwerth sydd yng nghanol y dilyniant. Os yw nifer y pwyntiau data'n eilrif, mae angen cymryd y ddau yn y canol a chyfrifo eu cymedr (adio'r ddau a rhannu â 2).

3. Modd: dyma'r gwerth mwyaf cyffredin yn y set ddata.

Mae'r math mwyaf priodol o gyfartaledd i'w ddefnyddio'n dibynnu ar y cyd-destun:

- Y cyfartaledd mwyaf cyffredin yw'r cymedr.
- Mae'r canolrif yn fwy defnyddiol na'r cymedr os oes rhai gwerthoedd eithriadol o uchel neu isel (allanolion) yn y data, fyddai'n effeithio ar y cymedr.
- Mae'r modd yn addas i'w ddefnyddio â data sydd ddim yn rhifau neu os nad oes modd rhoi'r pwyntiau data mewn trefn linol.

Cyngor

Hyd yn oed os nad yw eich bwrdd arholi'n gofyn am un o'r sgiliau hyn yn benodol, mae'n debygol y bydd wedi'i gynnwys o fewn TGAU Mathemateg, felly mae'n werth eich atgoffa eich hun.

A Enghreifftiau wedi'u datrys

Mae'r tabl canlynol yn dangos canlyniadau crai arolwg o grwpiau gwaed.

A	AB	AB	O	O	O
B	AB	A	A	B	AB

Darganfyddwch beth yw modd y grwpiau gwaed hyn.

Cam 1 Llunio tabl amlder o bob gwerth.

Grŵp gwaed	Amlder
A	3
B	2
O	3
AB	4

Cam 2 Darganfod pa grŵp gwaed yw'r mwyaf cyffredin. Mae amlder AB yn 4, felly y grŵp gwaed moddol yw AB.

Cyngor

I osgoi cofnodion dyblyg, rhowch groes drwy eitemau data (neu amlygwch/cylchwch nhw â beiro lliw) wrth roi'r eitemau yn eu trefn i ganfod y canolrif.

B Arweiniad ar y cwestiwn

1. **Darganfyddwch ganolrif y set ganlynol o ffigurau indecs màs y corff (*body mass index*: BMI) dynol.**

   19.6, 18.5, 21.5, 30.8, 28.1, 32.9, 23.2, 20.2, 22.4, 27.1

   Cam 1 Yn gyntaf, rhoi'r gwerthoedd yn eu trefn o'r lleiaf i'r mwyaf.

   18.5, 19.6, 20.2, 21.5, 22.4, 23.2, 27.1, 28.1, 30.8, 32.9

   Cam 2 Gan fod eilrif o werthoedd, mae angen canfod cymedr y ddau werth canol: (.................... + ...) ÷ 2

   Canolrif = ...

C Cwestiynau ymarfer

2. Mae'r tabl isod yn dangos amcangyfrifon o feintiau poblogaeth nifer o gytrefi bacteria. Beth yw'r maint poblogaeth bacteria canolrifol?

Sampl	Amcangyfrif o faint y boblogaeth
1	4×10^5
2	6×10^3
3	3×10^8
4	5×10^4
5	2×10^5
6	9×10^7
7	1×10^9
8	1×10^6

3. Mae'r tabl isod yn dangos canlyniadau ymchwiliad i'r symptomau sydd i'w gweld mewn grŵp o goed afiach. Beth yw'r symptom moddol?

Coeden	Symptom
1	Smotiau ar y dail
2	Pydredd mewn mannau
3	Smotiau ar y dail
4	Coesynnau heb eu ffurfio'n iawn
5	Twf wedi'i atal
6	Smotiau ar y dail
7	Twf wedi'i atal

Defnyddio diagram gwasgariad i adnabod cydberthyniad

Pan fydd pwyntiau data wedi'u plotio ar **ddiagram gwasgariad**, gall fod yn bosibl canfod cydberthyniadau yn y data. Mae cydberthyniad yn gallu bod yn bositif neu'n negatif.

Mewn **cydberthyniad positif**, pan fydd un newidyn yn cynyddu, bydd y newidyn arall hefyd yn tueddu i gynyddu. Mewn **cydberthyniad negatif**, pan fydd un newidyn yn cynyddu, bydd y newidyn arall yn tueddu i leihau.

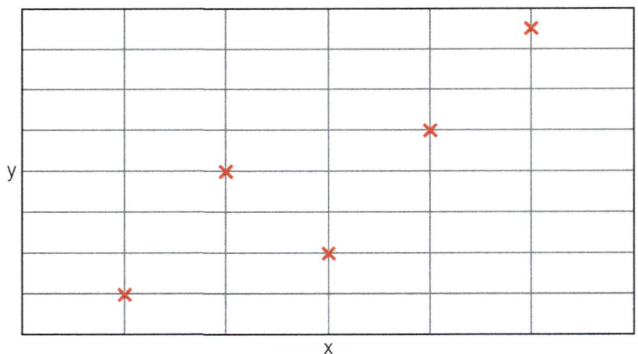

▲ **Ffigur 1.1** Diagram gwasgariad yn dangos cydberthyniad positif

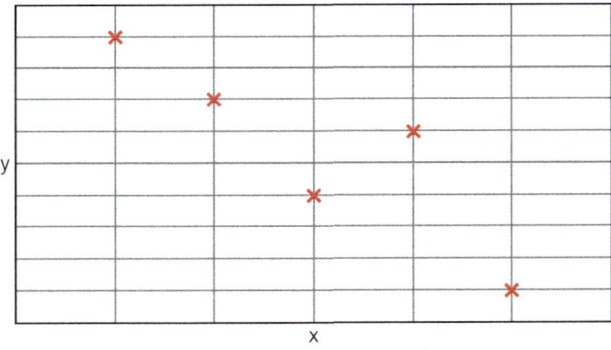

▲ **Ffigur 1.2** Diagram gwasgariad yn dangos cydberthyniad negatif

Mewn rhai sefyllfaoedd, bydd cydberthyniad i'w weld yn amlwg, ond weithiau bydd rhai data heb ddim cydberthyniad. Os bydd yr arholiad yn gofyn i chi am ddiagramau gwasgariad, dylai unrhyw gydberthyniad (positif, negatif neu ddim) fod yn amlwg.

Termau allweddol

Diagram gwasgariad: Graff wedi'i blotio rhwng dau faint i weld a oes perthynas rhwng y ddau.

Cydberthyniad positif: Mae hyn yn digwydd os yw un maint yn tueddu i gynyddu wrth i'r maint arall gynyddu.

Cydberthyniad negatif: Mae hyn yn digwydd os yw un maint yn tueddu i leihau wrth i'r maint arall gynyddu.

Dim cydberthyniad: Does dim perthynas o gwbl rhwng dau faint.

A Enghreifftiau wedi'u datrys

1 Mae'r diagram gwasgariad isod yn dangos effaith crynodiad ocsigen wedi'i hydoddi ar boblogaeth brithyll seithliw mewn pwll dyframaethu [*aquaculture pond*]. Pa fath o gydberthyniad sydd i'w weld yn y data hyn?

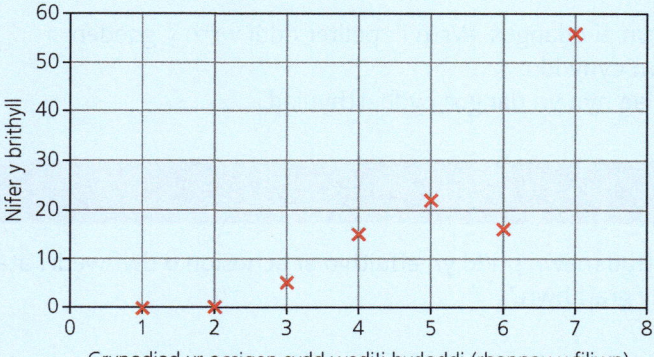

Cam 1 Chwilio am duedd gyffredinol yn nosbarthiad y pwyntiau ar y diagram gwasgariad. Wrth i chi symud o'r chwith i'r dde ar y diagram, ydy hi'n ymddangos bod y pwyntiau data'n mynd yn uwch neu'n is?

Cam 2 Wrth i grynodiad yr ocsigen sydd wedi'i hydoddi gynyddu, mae poblogaeth y brithyll seithliw hefyd yn cynyddu. Dydy'r pwyntiau data ddim i gyd yn ffitio'n berffaith â'r patrwm, ond ddylai hyn ddim bod yn syndod, oherwydd bydd rhywfaint o amrywiad mewn unrhyw ddata sy'n ymwneud ag organebau byw.

Cam 3 Nodi pa gydberthyniad sydd i'w weld. Mae'r diagram gwasgariad yn dangos cydberthyniad positif rhwng crynodiad ocsigen wedi'i hydoddi a phoblogaeth brithyll seithliw.

2 Mae'r graff isod yn dangos canlyniadau ymchwiliad i effaith dwysedd bacteriol ar drawsyriant golau drwy ddŵr.

Pa gydberthyniad sydd i'w weld yn y graff hwn?

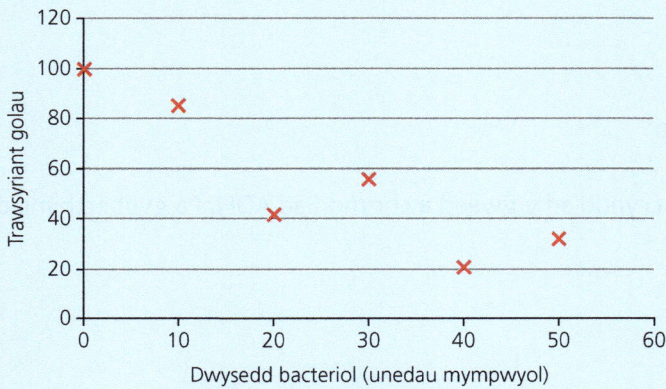

Wrth i ddwysedd bacteriol gynyddu, mae trawsyriant golau'n lleihau. Felly, mae cydberthyniad negatif rhwng y dwysedd bacteriol a thrawsyriant golau drwy'r dŵr.

Cyngor

Er bod cydberthyniad rhwng dau newidyn yn awgrymu cysylltiad rhwng y ddau, nid yw'n profi bod un ffactor yn achosi'r llall. Dydy cydberthyniad ddim yn awgrymu **perthynas achosol**.

Term allweddol

Perthynas achosol: Y rheswm pam mae un maint yn cynyddu (neu'n lleihau) yw bod y maint arall hefyd yn cynyddu (neu'n lleihau).

B Arweiniad ar y cwestiwn

1 Mae'r diagram gwasgariad hwn yn dangos sut mae gorchudd canrannol rhywogaeth glaswellt yn amrywio gyda phellter oddi wrth goeden fawr. Pa fath o gydberthyniad sydd i'w weld yn y data hyn?

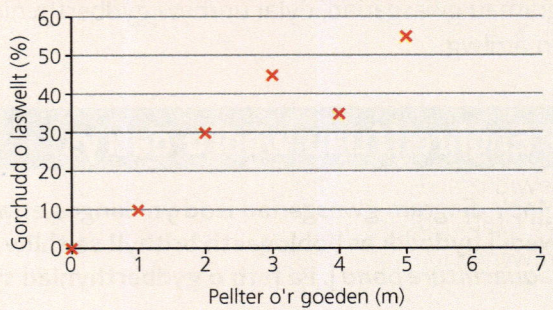

Cam 1 Disgrifio'r cydberthyniad mae'r diagram yn ei ddangos. Wrth i'r pellter oddi wrth y goeden gynyddu, mae gorchudd canrannol y glaswellt yn cynyddu.

Cam 2 Nodi pa gydberthyniad sydd i'w weld. Mae hyn yn dangos cydberthyniad ....

C Cwestiynau ymarfer

2 Mae'r graff isod yn dangos sut mae crynodiad nitrad mewn pridd yn effeithio ar achosion o dwf wedi'i atal mewn coed. Pa gydberthyniad sydd i'w weld yn y graff hwn?

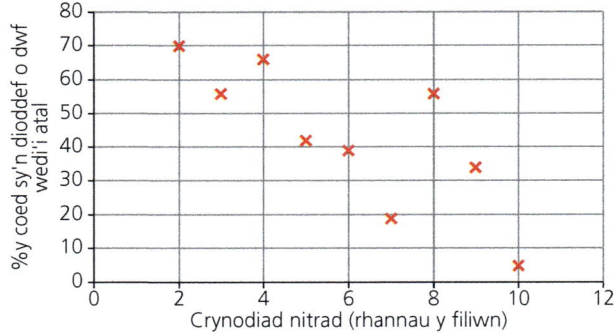

3 Mae'r graff isod yn dangos sut mae giberelin yn effeithio ar ba mor aeddfed yw ffrwyth. Pa gydberthyniad sydd i'w weld yn y graff hwn?

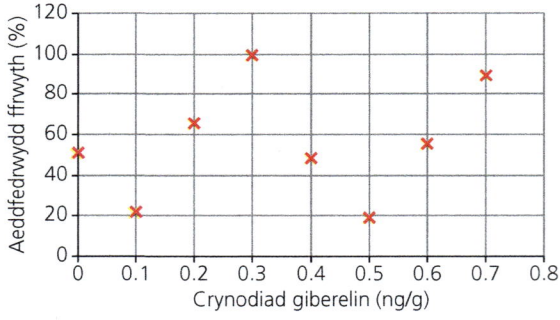

4 Mae'r graff isod yn dangos y berthynas rhwng crynodiad y gwaed a chrynodiad ADH. Pa gydberthyniad sydd i'w weld yn y graff hwn?

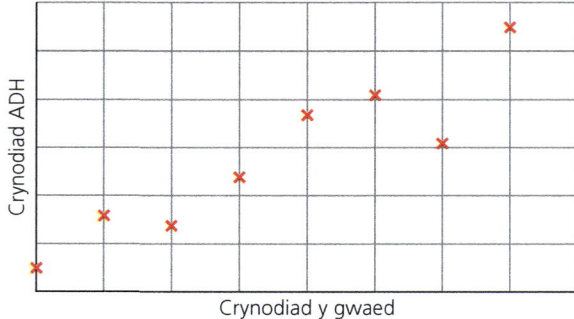

Gwneud cyfrifiadau trefn maint

Y ddwy brif ffordd o ddefnyddio trefn maint mewn bioleg yw cydgyfnewid unedau a'r hafaliad chwyddhad.

> **Term allweddol**
>
> Trefn maint: Os ysgrifennwn ni rif ar ffurf safonol, y pŵer 10 agosaf yw ei drefn maint.

Trawsnewid rhwng unedau

Rydyn ni'n defnyddio rhagddodiaid, er enghraifft cilo-, centi-, ar ddechrau gair i newid maint uned. Rydyn ni'n defnyddio'r un rhagddodiaid ar gyfer pob uned. Mae'r tabl isod yn crynhoi'r ffordd gywir o ychwanegu rhagddodiaid at unedau thrawsnewid rhwng y naill a'r llall.

Tabl 1.4 Sut i ychwanegu rhagddodiaid yn gywir at unedau a thrawsnewid rhwng y naill a'r llall

Rhagddodiad	Ffactor	Enghreifftiau
cilo- (k)	1×1000	kg, km, km²
deci- (d)	$\frac{1}{10}$	dm³
centi- (c)	$\frac{1}{100}$	cm, cm², cm³
mili- (m)	$\frac{1}{1000}$	mm, mm², mm³, mg
micro- (μ)	$\frac{1}{1000000}$	μm, μg
nano- (n)	$\frac{1}{1000000000}$	nm, ng

Er enghraifft, gan ddefnyddio'r uned SI ar gyfer hyd:

0.001 km = 1 m = 100 cm = 1000 mm = 1 000 000 μm = 1 000 000 000 nm.

Mae'n bwysig eich bod chi'n dewis yr uned briodol ym mhob sefyllfa, er enghraifft:

- Byddai'n amhriodol rhoi hyd organeb mewn cilometrau.
- Dim ond yr organebau neu'r ffurfiadau lleiaf fyddai'n cael eu mesur mewn micrometrau.

Defnyddio'r hafaliad chwyddhad

Bydd biolegwyr yn aml yn astudio organebau a ffurfiadau sy'n anhygoel o fach. Mae'r hafaliad chwyddhad yn ei gwneud hi'n bosibl darganfod dimensiynau gwirioneddol yr organebau a'r ffurfiadau hyn o ficrograffau a lluniadau wrth raddfa. Mae hefyd yn eich helpu chi i greu eich lluniadau wrth raddfa eich hun.

Yr hafaliad chwyddhad yw:

Chwyddhad = maint y ddelwedd ÷ maint y gwrthrych

Dylech chi fod yn hyderus i ddefnyddio'r hafaliad hwn a'i aildrefnu i gyfrifo:

- y chwyddhad os ydych chi'n cael gwybod maint delwedd a maint gwrthrych
- maint delwedd os ydych chi'n cael gwybod chwyddhad a maint gwrthrych
- maint gwrthrych os ydych chi'n cael gwybod chwyddhad a maint delwedd.

Efallai y bydd cwestiwn arholiad am y sgìl hwn yn gofyn i chi fesur rhan o ddiagram neu ficrograff electronau, felly gwnewch yn siŵr eich bod chi'n gallu gwneud hyn yn fanwl gywir.

1 MATHEMATEG

A Enghraifft wedi'i datrys

Mae micrograff electronau o gnewyllyn yn dangos bod ei ddiamedr yn 80 mm. Mae diamedr gwirioneddol y cnewyllyn wedi'i labelu fel 0.0004 mm. Beth yw chwyddhad y micrograff electronau?

Cam 1 Canfod maint y ddelwedd a maint y gwrthrych. Maint y ddelwedd yw diamedr y micrograff electronau. Maint y gwrthrych yw diamedr gwirioneddol y cnewyllyn. Felly:

Maint y ddelwedd = 80 mm; maint y gwrthrych = 0.0004 mm

Cam 2 Amnewid y gwerthoedd i'r hafaliad chwyddhad: chwyddhad = maint y ddelwedd ÷ maint y gwrthrych

Chwyddhad = 80 ÷ 0.0004 = 200 000

Felly, mae'r chwyddhad yn 200 000.

> **Cyngor**
> Cymhareb yw chwyddhad mewn gwirionedd, felly does ganddo ddim uned.

B Arweiniad ar y cwestiwn

1. Mae myfyriwr yn defnyddio microsgop i wneud lluniad o doriad ardraws drwy wreiddyn. Diamedr y lluniad yw 150 mm. Gan ddefnyddio'r microsgop, mae'r myfyriwr yn mesur lled y gwreiddyn yn 2 mm. Defnyddiwch yr hafaliad chwyddhad i gyfrifo chwyddhad lluniad y myfyriwr.

   Cam 1 Canfod maint y ddelwedd a maint y gwrthrych.

   Cam 2 Amnewid y gwerthoedd i'r fformiwla chwyddhad a chyfrifo:

   Chwyddhad = maint y ddelwedd ÷ maint y gwrthrych

   Chwyddhad = ... ÷ .... = ...

C Cwestiwn ymarfer

2. Ar ddiagram o gell ffwngaidd, mae lled y gell yn 30 mm. Mae'r chwyddhad wedi'i roi fel 340×. Beth yw lled gwirioneddol y gell ffwngaidd? Rhowch eich ateb ar ffurf safonol i 2 ffigur ystyrlon.

» Algebra

Cangen o fathemateg yw algebra sy'n defnyddio hafaliadau lle mae llythrennau'n cynrychioli rhifau.

Mae angen i fyfyrwyr Bioleg wybod sut i ddatrys gwahanol hafaliadau drwy:

- amnewid y rhifau cywir ar gyfer pob llythyren neu werth
- cyfrifo'r ateb.

ALGEBRA

Deall a defnyddio symbolau algebraidd

Mae'r symbolau canlynol yn gyffredin mewn algebra, ac efallai y gwelwch chi nhw mewn cwestiynau arholiad TGAU Bioleg sy'n defnyddio hafaliadau. Dylech chi ddysgu adnabod eu hystyron fel yr isod:

Tabl 1.5 Symbolau algebra

Symbol	Ystyr
=	yn hafal i
>	**yn fwy na**
⩾	**yn fwy na neu'n hafal i**
<	**yn llai na**
⩽	**yn llai na neu'n hafal i**
∝	mewn cyfrannedd â
~	tua

★ **Does dim angen y symbolau hyn yn benodol ar gyfer TGAU Bioleg CBAC, ond gall fod yn ddefnyddiol er hynny.**

Mae'r symbolau mewn teip trwm yn enghreifftiau o anhafaleddau (*inequalities*) oherwydd eu bod nhw'n dangos perthynas rhwng dau werth sydd ddim yn hafal.

A Enghreifftiau wedi'u datrys

1 Mae'r tabl isod yn dangos y gyfradd ffotosynthesis a'r gyfradd resbiradu mewn planhigyn ar wahanol adegau o'r dydd.

Amser	Cyfradd resbiradu (unedau mympwyol)	Cyfradd ffotosynthesis (unedau mympwyol)
8 a.m.	40	70
12 p.m.	70	100
10 p.m.	50	0

Nodwch yr anhafaleddau rhwng y gyfradd resbiradu a'r gyfradd ffotosynthesis am 12 p.m. a 10 p.m.

Cam 1 Darganfod pa gyfradd yw'r fwyaf am 12 p.m. Mae cyfradd ffotosynthesis (100) yn fwy na chyfradd resbiradu (70).
Cam 2 Ysgrifennu'r anhafaledd ar gyfer 12 p.m.: cyfradd ffotosynthesis > cyfradd resbiradu.
Cam 3 Canfod pa gyfradd yw'r fwyaf am 10 p.m. Mae cyfradd ffotosynthesis (0) yn llai na chyfradd resbiradu (50).
Cam 4 Ysgrifennu'r anhafaledd ar gyfer 10 p.m.: cyfradd ffotosynthesis < cyfradd resbiradu.

2 Mae'r hafaliad isod yn dangos y berthynas rhwng pellter oddi wrth ffynhonnell golau ac arddwysedd golau:

$$\text{Dwysedd golau} \propto \frac{1}{\text{pellter}^2}$$

Ysgrifennwch frawddeg sy'n crynhoi'r berthynas hon.
Mae'r symbol ∝ yn golygu 'mewn cyfrannedd', felly gallwn ni grynhoi'r berthynas rhwng pellter oddi wrth ffynhonnell golau ac arddwysedd golau fel hyn:
Mae arddwysedd golau mewn cyfrannedd ag un dros y pellter oddi wrth y ffynhonnell golau wedi'i sgwario.

3 Yn ystod ymchwiliad i ensymau, mae 15.76 mg o gynnyrch yn cael ei gynhyrchu. Yn fras, i ba filigram cyfan mae'r màs hwn yn hafal?

Mae'r màs 15.76 mg tua 16 mg, felly 15.76 mg ~ 16 mg

B Arweiniad ar y cwestiwn

1 O fewn amrediad tymheredd penodol, mae cyfradd dadelfennu mewn pridd mewn cyfrannedd â thymheredd y pridd.

Cam 1 Ysgrifennu'r ddau ffactor â bwlch rhwng y ddau ac ystyried pa un o'r symbolau sy'n ffitio orau.

Cyfradd dadelfennu .... tymheredd y pridd

C Cwestiynau ymarfer

2 Ysgrifennwch anhafaledd sy'n cymharu'r pwysedd gwaed mewn rhydwelïau a gwythiennau.

3 Ysgrifennwch fynegiad sy'n cysylltu cyfradd adwaith a chrynodiad ensym pan nad yw'r swbstrad yn ffactor gyfyngol.

Amnewid gwerthoedd rhifiadol i hafaliadau a'u datrys

Yn yr adran hon, caiff rhifau eu hamnewid am y llythrennau neu'r termau mewn hafaliad i gyfrifo gwerth maint anhysbys.

I ddatrys hafaliad yn llwyddiannus, mae angen gweithio'n ofalus ac yn rhesymegol drwy'r camau, gan sicrhau bod pob amnewidiad yn cael ei wneud yn gywir a bod pob ffwythiant yn yr hafaliad wedi'i werthuso'n fanwl gywir. Mae'n arbennig o bwysig gwirio eich holl waith ddwywaith, gan ei bod hi'n hawdd iawn gwneud camgymeriadau wrth wneud algebra.

Does dim angen i chi gofio unrhyw hafaliadau penodol ar gyfer yr arholiad Bioleg, ond gallech chi gael amrywiaeth o wahanol hafaliadau yn yr arholiad a gorfod amnewid gwerthoedd iddyn nhw a gwneud cyfrifiadau.

A Enghreifftiau wedi'u datrys

1 Gallwn ni ddefnyddio'r hafaliad canlynol i gyfrifo cyfradd ffotosynthesis:

Cyfradd ffotosynthesis = cyfaint yr ocsigen sy'n cael ei gynhyrchu ÷ amser

Os oes 5 cm^3 o ocsigen yn cael ei gynhyrchu mewn 9 munud, beth yw cyfradd ffotosynthesis mewn cm^3/mun? Rhowch eich ateb i ddau le degol.

Cam 1 Amnewid y gwerthoedd i'r hafaliad:

Cyfradd ffotosynthesis = cyfaint yr ocsigen sy'n cael ei gynhyrchu ÷ amser
Cyfradd ffotosynthesis = 5 ÷ 9

Cam 2 Canfod ateb yr hafaliad hwn.

Cyfradd ffotosynthesis = 0.56 cm^3/mun

2 Mae hafaliad indecs màs y corff (BMI) yn ddull o ganfod a yw rhywun dros bwysau neu dan bwysau. Yr hafaliad ar gyfer BMI yw:

BMI = màs (kg) ÷ taldra $(m)^2$

Cyfrifwch indecs màs y corff (BMI) rhywun sydd â màs 70 kg a thaldra 1.6 m.

Cam 1 Amnewid y gwerthoedd i'r hafaliad: BMI = màs (kg) ÷ taldra $(m)^2$

BMI = 70 ÷ 1.6^2
BMI = 70 ÷ 2.56
BMI = 27.3

> **Cyngor**
> Gwnewch yn siŵr eich bod chi'n defnyddio unrhyw unedau sydd wedi'u rhoi mewn cwestiwn yn eich ateb.

> **Cyngor**
> Does gan werthoedd BMI ddim unedau.

ALGEBRA

B Arweiniad ar y cwestiwn

1. Gallwn ni ddefnyddio'r hafaliad canlynol i gyfrifo allbwn cardiaidd:

   Allbwn cardiaidd = cyfaint strôc × cyfradd curiad y galon

   Beth yw allbwn cardiaidd unigolyn â chyfaint strôc o 55 cm³ a chyfradd curiad y galon o 65 curiad y munud? Rhowch eich ateb mewn cm³/mun.

   Cam 1 Amnewid y gwerthoedd i'r hafaliad:

   Allbwn cardiaidd = ... × ....

   Cam 2 Allbwn cardiaidd = ...

C Cwestiwn ymarfer

2. Mae ymchwiliad yn cael ei gynnal i effeithiolrwydd gwahanol wrthfiotigau, drwy gymharu arwynebedd parthau clir sy'n cael eu cynhyrchu ar feithriniadau bacteriol. Mae'r parthau clir, yn fras, yn grwn. Dyma'r hafaliad ar gyfer cyfrifo arwynebedd y parthau clir:

   Arwynebedd parth clir = πr^2

   r = radiws

   Mae radiws un o'r parthau clir yn 17 mm. Defnyddiwch y fformiwla i gyfrifo arwynebedd y parth clir hwn. Rhowch eich ateb i'r rhif cyfan agosaf.

Cyngor

Yn aml, bydd cwestiynau arholiad sy'n cynnwys pi yn rhoi gwerth i chi ei ddefnyddio yn ei le (er enghraifft pi (π) = 3.14). Os nad yw'r cwestiwn yn gwneud hynny, dylech chi ddefnyddio'r botwm pi ar eich cyfrifiannell. Gwnewch yn siŵr eich bod chi'n talgrynnu atebion wedi'u cyfrifo yn briodol.

Newid testun hafaliad

Yn ogystal ag amnewid gwerthoedd i hafaliad, weithiau bydd angen i chi newid testun hafaliad. Fel yn yr adran flaenorol, mae'n rhaid i chi sicrhau eich bod chi'n gwirio eich gwaith yn ofalus – mae'n hawdd iawn gwneud camgymeriad, nid dim ond wrth amnewid gwerthoedd ond hefyd wrth aildrefnu'r termau mewn hafaliad.

★ **Does dim angen y testun hwn yn benodol ar gyfer TGAU Bioleg CBAC, ond gall fod yn ddefnyddiol er hynny.**

A Enghraifft wedi'i datrys

Yn ystod archwiliad meddygol, mae allbwn cardiaidd claf yn cael ei fesur yn 4800 cm³/mun. Os yw cyfradd curiad calon y claf yn 60 curiad y munud, beth yw'r cyfaint strôc? Defnyddiwch yr hafaliad isod i gyfrifo eich ateb.

   Allbwn cardiaidd = cyfaint strôc × cyfradd curiad y galon

Cam 1 Aildrefnu'r hafaliad i wneud cyfaint strôc yn destun. I wneud hyn, mae angen rhannu dwy ochr yr hafaliad â chyfradd curiad y galon. Mae hyn yn rhoi:

   Cyfaint strôc = allbwn cardiaidd ÷ cyfradd curiad y galon

Cam 2 Nawr, amnewid y gwerthoedd o'r cwestiwn i'r hafaliad.

   Cyfaint strôc = 4800 ÷ 60 = 80 cm³/mun.

B Arweiniad ar y cwestiwn

1. Mae diamedr abwydyn melys yn 15 mm. Mae myfyriwr yn lluniadu diagram sy'n dangos yr abwydyn melys â chwyddhad 20 ×. Beth yw diamedr yr abwydyn melys yn y lluniad? Defnyddiwch yr hafaliad chwyddhad isod.

   Chwyddhad = maint y ddelwedd ÷ maint y gwrthrych

   Cam 1 Rydyn ni'n ceisio canfod y diamedr yn y lluniad, sef maint y ddelwedd, felly mae angen i ni wneud hynny'n destun yr hafaliad. I wneud hyn, mae angen lluosi dwy ochr yr hafaliad â maint y gwrthrych.

   Chwyddhad = maint y ddelwedd = maint y gwrthrych, sy'n arwain at
   Maint y ddelwedd = chwyddhad × maint y gwrthrych

   Cam 2 Amnewid y rhifau sydd wedi'u rhoi i'r hafaliad a chwblhau'r cyfrifiad.

   Maint y ddelwedd = ... × .... = ...

C Cwestiynau ymarfer

2. Mewn cadwyn fwyd, gallwn ni ddefnyddio'r hafaliad canlynol i gyfrifo'r egni sydd ar gael i'r ysyddion cynradd:

   Egni sydd ar gael i ysyddion cynradd =
   egni yn y cynhyrchwyr cynradd − egni sy'n cael ei golli wrth resbiradu − egni sy'n cael ei golli drwy wastraff a marwolaeth

   Os yw'r egni sydd ar gael i ysyddion cynradd yn 20 000 kJ, yr egni sy'n cael ei golli wrth resbiradu yn 30 000 kJ a'r egni sy'n cael ei golli drwy wastraff a marwolaeth yn 150 000 kJ, beth yw'r egni yn y cynhyrchwyr cynradd?

3. Gallwn ni amcangyfrif maint poblogaeth bacteria drwy ddefnyddio'r hafaliad isod:

   Poblogaeth bacteria = poblogaeth bacteria gychwynnol × $2^{\text{nifer y rhaniadau}}$

   Mae cyfrwng meithrin yn cael ei inocwleiddio â meithriniad bacteriol. Mae'r bacteria'n rhannu bob tair awr. Ar ôl 15 awr, mae 3200 o facteria yn y cyfrwng meithrin. Faint o facteria oedd yn y meithriniad gwreiddiol?

❯❯ Graffiau

Un sgìl mathemategol pwysig mewn bioleg yw trosi gwybodaeth rhwng ffurfiau graffigol a rhifiadol. Mae nifer o wahanol ffyrdd o wneud hyn, gan gynnwys darllen gwerthoedd oddi ar graff neu ddod o hyd i raddiannau a rhyngdoriadau.

Deall bod $y = mx + c$ yn cynrychioli perthynas linol

Mae graff perthynas linol wedi'i blotio ar echelinau x ac y yn llinell syth, a gallwn ni ei gynrychioli â'r hafaliad $y = mx + c$ lle:

- m = graddiant y llinell
- c = rhyngdoriad y (y pwynt lle mae'r llinell yn croesi'r echelin y).

Felly, os yw graddiant y llinell yn 2 a'r rhyngdoriad y yn 0.1, hafaliad y llinell fyddai: $y = 2x + 0.1$

Mae hyn yn golygu, os yw $x = 4$, byddai y yn:

$y = 2 \times 4 + 0.1 = 8.1$

> **Cyngor**
>
> Gallwch chi ddefnyddio pren mesur i ddarllen pwyntiau oddi ar graff. Mae hyn yn gallu helpu i sicrhau nad ydych chi'n gwneud camgymeriadau.

★ **Does dim angen y testun hwn yn benodol ar gyfer TGAU Bioleg CBAC, ond gall fod yn ddefnyddiol er hynny.**

Mewn arholiadau TGAU Bioleg, efallai y bydd gofyn i chi fraslunio graff o berthynas linol. Gan fod y graff yn llinell syth, dim ond dau bwynt sydd eu hangen i dynnu'r llinell, ond mae'n syniad da defnyddio trydydd pwynt i wneud yn siŵr bod y llinell yn gywir.

Os yw'r cwestiwn yn rhoi set o echelinau, does dim llawer o ots pa werthoedd ar yr echelin x rydych chi'n eu defnyddio i dynnu'r llinell, cyn belled â bod eu gwerthoedd y cyfatebol o fewn yr amrediad sydd i'w weld ar yr echelin y. Fodd bynnag, os yw'r pwyntiau'n bell oddi wrth ei gilydd, gallai fod yn haws tynnu'r llinell yn fanwl gywir.

Os yw'r cwestiwn yn gadael i chi luniadu'r echelinau, gwnewch yn siŵr eich bod chi'n dewis graddfa ar gyfer y ddwy echelin sy'n addas i amrediad y gwerthoedd yn y data. Gwnewch hyn drwy ganfod gwerthoedd mwyaf a lleiaf y cyn dechrau lluniadu'r echelinau.

Cyngor

Wrth lunio graffiau, mae'n bwysig:
- defnyddio pensil a lluniadu'r echelinau â phren mesur (a chadw rhwbiwr wrth law)
- defnyddio papur graff i fod yn fanwl gywir (fel arall, dim ond braslun yw eich graff)
- labelu eich echelinau, gan roi unedau lle mae hynny'n briodol
- lluniadu graff llinell oni bai bod y cwestiwn yn gofyn am rywbeth arall.

A Enghreifftiau wedi'u datrys

1 **Ar yr echelinau isod, brasluniwch graff o'r hafaliad $y = 3x$.**

   Cam 1 Nodi gwerthoedd m ac c yn yr hafaliad llinol.

   Mae hwn yn hafaliad ar ffurf $y = mx + c$ lle mae $m = 3$ ac $c = 0$.

   Felly, mae'r graff yn llinell syth â graddiant o 3 a rhyngdoriad y yn 0.

   Cam 2 I lunio'r graff, mae angen dewis dau werth x (o fewn yr amrediad sydd i'w weld ar yr echelin x) a defnyddio'r hafaliad i gyfrifo eu gwerthoedd y cyfatebol.

   Gan ddefnyddio'r pwyntiau $x = 1$ ac $x = 5$:

   Yn $x = 1$, mae $y = 3 \times 1 + 0 = 3$

   Yn $x = 5$, mae $y = 3 \times 5 + 0 = 15$

   Cam 3 Plotio'r pwyntiau hyn ar yr echelinau a thynnu llinell syth drwy'r ddau.

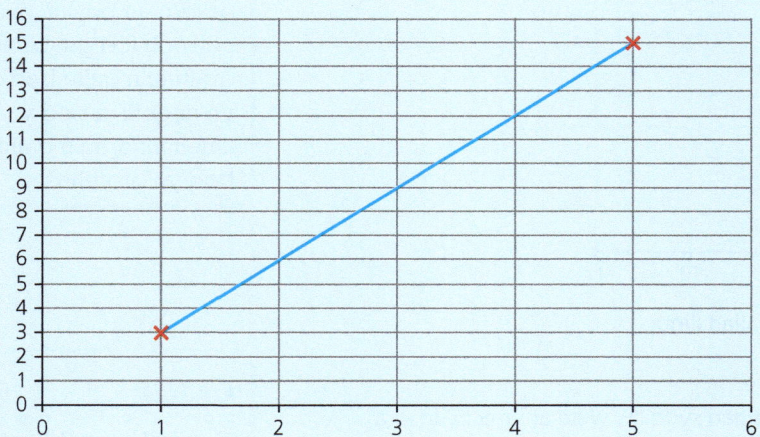

2 Mae'r hafaliad $y = 2x + 4$ yn gallu rhagfynegi effaith crynodiad ensym ar gyfradd yr adwaith. Brasluniwch graff y berthynas hon ar yr echelinau.

Cam 1 Nodi gwerthoedd m ac c yn yr hafaliad llinol. Mae'r hafaliad sydd wedi'i roi ar ffurf $y = mx + c$ lle mae $m = 2$ ac $c = 4$.

Cam 2 Dewis dau werth x (o fewn yr amrediad sydd i'w weld ar yr echelin x) a chyfrifo'r gwerthoedd y cyfatebol:

Yn $x = 1$, mae $y = 2 \times 1 + 4 = 6$

Yn $x = 5$, mae $y = 2 \times 5 + 4 = 14$

Cam 3 Plotio'r pwyntiau hyn ar yr echelinau a thynnu llinell syth drwy'r ddau.

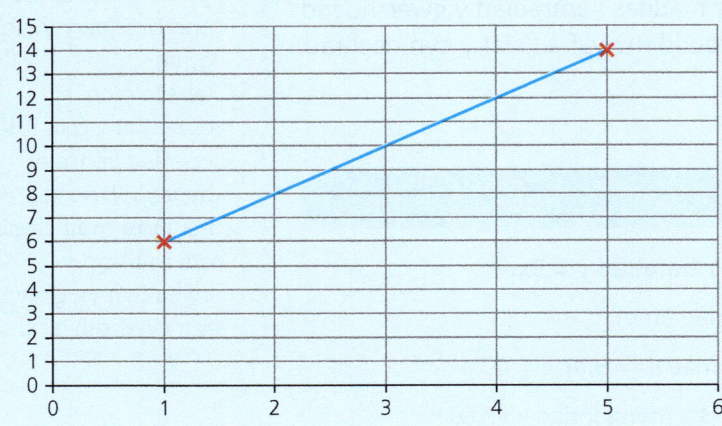

B Arweiniad ar y cwestiwn

1 Brasluniwch graff $y = -0.5x + 9$.

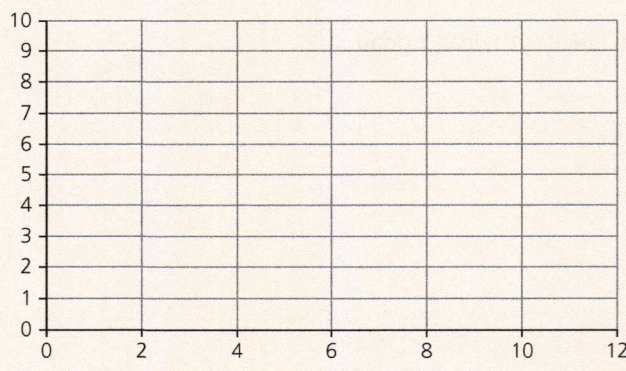

Cam 1 Nodi gwerthoedd m ac c yn yr hafaliad llinol.

Yn yr hafaliad hwn, $m = $ .... ac $c = $ ....

Cam 2 Dewis dau werth x (o fewn yr amrediad sydd i'w weld ar yr echelin x) a chyfrifo'r gwerthoedd y cyfatebol.

Yn $x = 0$, mae $y = $ ....

Yn $x = 10$, mae $y = $ ....

Cam 3 Plotio'r pwyntiau hyn ar eich echelinau chi a thynnu llinell syth drwy'r ddau.

Cyngor

Yn aml, bydd myfyrwyr yn meddwl bod gan graffiau linell syth ffit orau a graddiant positif, ond cofiwch fod graddiant graffiau'n gallu bod yn negatif, a bod y llinell ffit orau'n gallu bod yn gromlin.

Cyngor

Gan fod y graddiant (m) yn negatif, mae'r graff yn llinell syth â graddiant negatif ac felly ar oledd tuag i lawr o'r chwith i'r dde.

C Cwestiwn ymarfer

2 Brasluniwch graff $y = 3x + 4$.

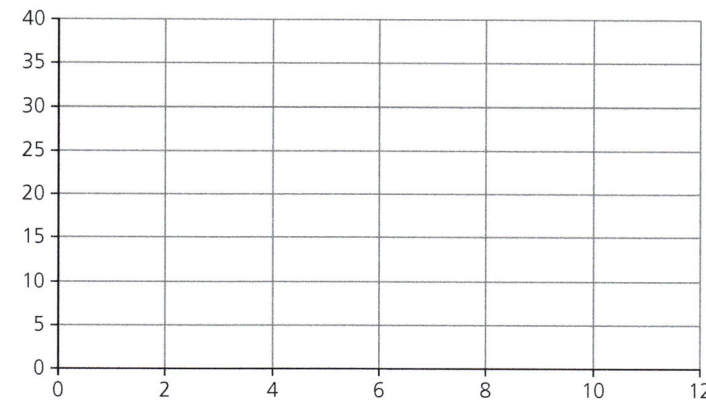

Plotio dau newidyn o ddata arbrofol neu ddata eraill

Bydd yr adran hon yn sôn am sut i blotio graffiau llinell ar gyfer data arbrofol. Mae gwybodaeth am blotio siartiau bar a histogramau ar dudalennau 16–18.

Wrth blotio graffiau llinell, cymerwch eich data – efallai y bydd y rhain ar fformat gwahanol (fel tabl) – a phlotio'r newidyn annibynnol ar yr echelin lorweddol a'r newidyn dibynnol ar yr echelin fertigol. Does dim rhaid i chi luniadu'r echelinau yn y drefn hon, ond dyna'r ffordd sy'n arferol mewn gwyddoniaeth, gan ei bod hi'n dangos yn glir y berthynas rhwng y newidynnau annibynnol a dibynnol.

Gwnewch yn siŵr bod gan y ddwy echelin raddfa ddi-dor a tharddbwynt. Dylai'r tarddbwynt fod yn addas i graff, ond does dim rhaid iddo fod yn sero nac yr un fath ar y ddwy echelin. Er enghraifft, os yw'r set ddata sy'n cael ei defnyddio i luniadu graff yn mynd o 100–200, byddai'n rhesymegol peidio â defnyddio sero fel tarddbwynt; byddai'n bosibl defnyddio 90 neu 100 yn lle.

Termau allweddol

Graddfa ddi-dor: Graddfa sy'n cynnwys cynyddiadau â bylchau hafal rhyngddyn nhw.

Tarddbwynt: Dechrau echelin graff.

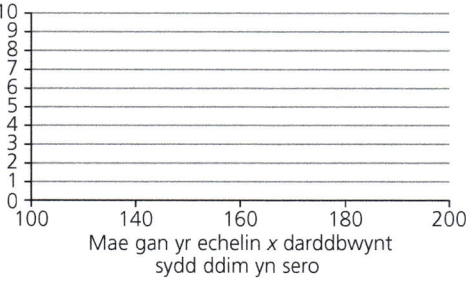

▲ **Ffigur 1.3** Graff â tharddbwynt sydd ddim yn sero

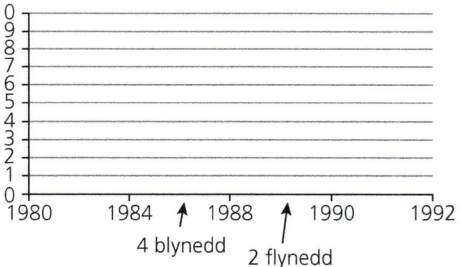

Dydy'r echelin x ddim yn raddfa ddi-dor gan nad yw'r cynyddiadau yn hafal. Byddai hyn yn anghywir.

▲ **Ffigur 1.4** Graff â graddfa doredig

Cyngor

Un camgymeriad cyffredin wrth ateb y mathau hyn o gwestiynau yw rhoi graddfa ar yr echelin lorweddol sydd ddim yn llinol (er enghraifft, ddim yn cynyddu yr un faint o bob rhif sydd wedi'i farcio at y nesaf).

Ar ôl dewis eich echelinau a'ch graddfa, defnyddiwch grid y graff i'ch helpu chi i farcio â chroes (×) safle pob pwynt data drwy ddarllen i fyny o'r echelin lorweddol ac ar draws o'r echelin fertigol i weld lle mae'r ddwy'n cwrdd.

A Enghraifft wedi'i datrys

Mae'r tabl isod yn dangos canlyniadau ymchwiliad i gyfradd trydarthu dros gyfnod o 24 awr.

Amser (oriau)	Cyfradd trydarthu (unedau mympwyol)
0	1
4	4
8	10
12	15
16	8
20	3
24	2

Plotiwch y data ar graff.

Cam 1 Lluniadu echelinau addas. Dylai'r rhain fod yn ddi-dor, a dylai fod ganddyn nhw darddbwynt. Gellir defnyddio tarddbwynt o sero i'r ddwy echelin yn yr achos hwn.

Cam 2 Labelu'r echelinau â'r penawdau cywir. Gallwch chi ddefnyddio penawdau eich tabl fel teitlau eich echelinau.

Cam 3 Plotio'r pwyntiau'n ofalus, gan wirio pob plot ddwywaith.

Cam 4 Uno'r pwyntiau â phren mesur neu dynnu llinell grom ffit orau.

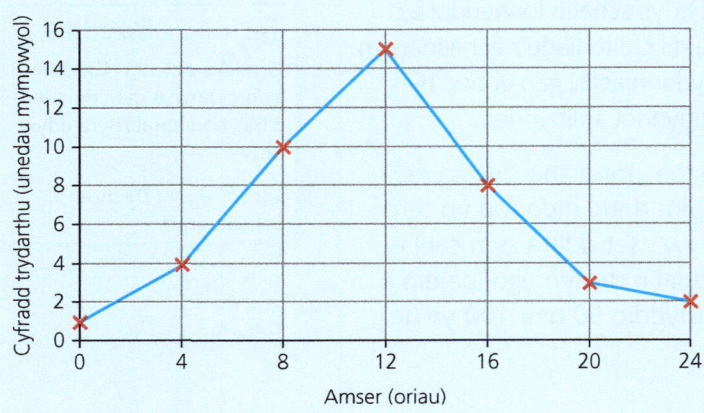

Cyngor

Mae'n well gan rai byrddau arholi eich bod chi'n tynnu llinellau crwm ffit orau, ond mae'n well gan eraill eich bod chi'n uno'r pwyntiau â llinellau syth. Gofynnwch i'ch athro beth dylech chi ei wneud mewn cwestiynau arholiad.

B Arweiniad ar y cwestiwn

1   Mae'r tabl isod yn dangos canlyniadau ymchwiliad i effaith tymheredd ar gyfradd dadelfennu mewn pridd.

Tymheredd (°C)	Cyfradd dadelfennu (unedau mympwyol)
10	2
20	15
30	42
40	92
50	21
60	6

Plotiwch y data hyn ar graff.

Mae angen i'r echelin x fynd o 10 i 60, a'r echelin y o 2 i 92. Byddai'r echelinau isod yn addas i blotio'r graff.

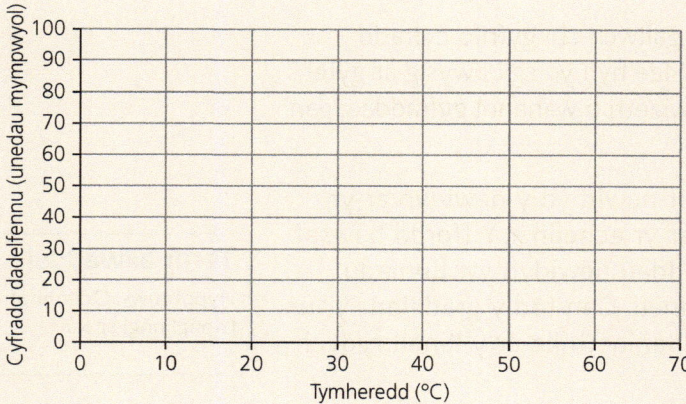

C Cwestiwn ymarfer

2 Mae'r tabl isod yn dangos canlyniadau arolwg o achosion MRSA mewn ardal dros gyfnod.

Amser (misoedd)	Nifer yr achosion o MRSA
0	50
1	200
2	140
3	195
4	130

Plotiwch y data ar graff.

Darganfod goledd a rhyngdoriad graff llinol

Darganfod rhyngdoriad

Mewn ymchwiliadau biolegol, efallai y bydd angen i chi ganfod **rhyngdoriad** graff, sef y pwynt lle mae'r graff yn croesi un o'r echelinau. Caiff y sgìl hwn ei ddefnyddio amlaf mewn problemau sy'n ymwneud ag osmosis. Yn yr enghraifft hon, caiff y rhyngdoriad ei ddefnyddio i amcangyfrif y pwynt lle does dim newid màs pan gaiff meinwe planhigyn ei rhoi mewn amrywiaeth o wahanol grynodiadau hydoddydd.

Fel arfer, bydd cwestiynau arholiad yn gofyn i chi ganfod y rhyngdoriad ar yr echelin x. I wneud hyn, mae angen naill ai darllen y gwerth x lle mae'r llinell neu'r gromlin yn croesi'r echelin x neu, os nad yw'r pwynt croesi i'w weld ar y graff, efallai y gallwch chi **allosod** o'r llinell i'r lle byddai'n rhyngdorri'r echelin.

> **Termau allweddol**
>
> **Rhyngdoriad:** Y pwynt ar graff lle mae'r llinell yn croesi un o'r echelinau.
>
> **Allosod:** Estyn graff i amcangyfrif gwerthoedd.

Darganfod goledd

Rydyn ni wedi gweld bod modd cynrychioli perthynas linol â llinell syth ar graff, neu â'r hafaliad $y = mx + c$. Cyfradd newid y berthynas linol yw graddiant y graff llinell, neu werth m yn yr hafaliad.

Os cewch chi graff sy'n dangos perthynas linol, gallwch chi gyfrifo cyfradd newid drwy ganfod goledd (graddiant) y llinell. Mae hyn yn sgìl pwysig ar gyfer bioleg gan ei fod yn caniatáu i chi gyfrifo amrywiaeth o wahanol gyfraddau, gan gynnwys cyfraddau adwaith.

I ganfod graddiant llinell, mae angen rhannu'r newid yn y newidyn ar yr echelin y â'r newid cyfatebol yn y newidyn ar yr echelin x. Y ffordd hawsaf o ddarganfod faint o newid sy'n digwydd i'r ddau newidyn yw lluniadu triongl ongl sgwâr â'i hypotenws ar hyd y llinell. Gan fod y graddiant yr un fath ym mhob pwynt ar linell, does dim gwahaniaeth lle ar y llinell rydych chi'n rhoi'r triongl hwn.

Term allweddol

Hypotenws: Ochr hiraf triongl ongl sgwâr.

A Enghreifftiau wedi'u datrys

1 Mae'r graff isod yn dangos newid màs sampl taten sy'n cael ei roi mewn gwahanol grynodiadau o hydoddiant glwcos. Ar ba grynodiad glwcos fyddai yna ddim newid màs?

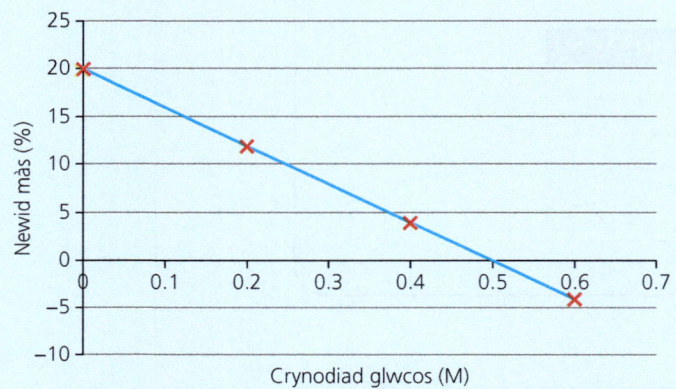

Cyngor

Os yw'r newid màs yn 0%, mae'r crynodiad y tu mewn i'r celloedd yn hafal i grynodiad yr hydoddiant mae'r feinwe wedi cael ei rhoi ynddo.

Mae angen i ni ganfod y gwerth x (crynodiad glwcos) lle mae'r gwerth y (newid màs) yn sero; dyma ryngdoriad yr echelin x.

Yn yr achos hwn, mae'n hawdd darganfod y rhyngdoriad:

Cam 1 Yn syml, tynnu llinell syth drwy'r pwyntiau data ac edrych lle mae'n croesi'r echelin x.

Cam 2 Darllen y gwerth x lle mae'r llinell yn croesi'r echelin x. Yn yr enghraifft hon, hydoddiant glwcos 0.5 M sy'n rhoi newid màs 0%.

2. Mae'r graff isod yn dangos cyfaint y methan mewn generadur bionwy dros amser. Beth yw cyfradd newid cyfaint y methan? Rhowch eich ateb mewn m³/awr.

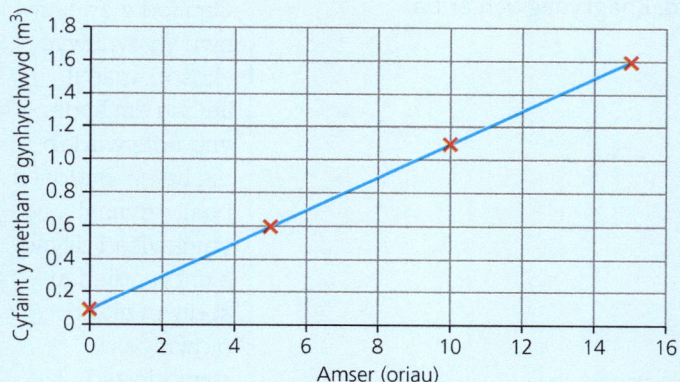

Y gyfradd newid yw graddiant y llinell.

Cam 1 I ganfod y graddiant, mae angen lluniadu triongl ongl sgwâr, fel sydd i'w weld isod. Mae gan y triongl ymyl fertigol ac ymyl lorweddol, ac mae ei hypotenws (ymyl ar oledd) yn gorwedd ar y graff llinell.

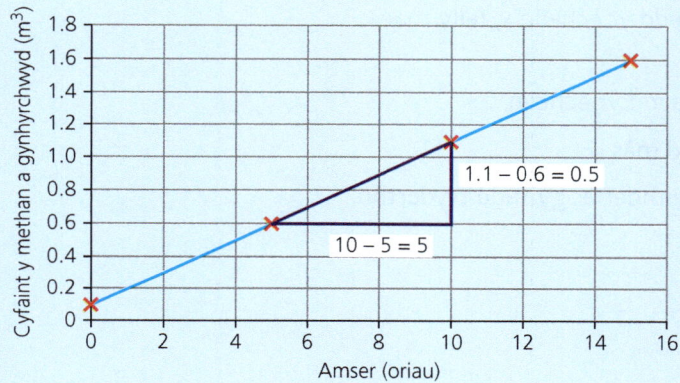

Cam 2 Defnyddio'r triongl i ddarganfod y newid i x a'r newid i y: ....

Newid i y = hyd ymyl fertigol y triongl
Newid i x = hyd ymyl lorweddol y triongl

Cam 3 Amnewid y gwerthoedd hyn i'r hafaliad isod:

Graddiant = newid i y ÷ newid i x
= (1.1 − 0.6) ÷ (10 − 5) = 0.5 ÷ 5
= 0.1 m³/awr

B Arweiniad ar y cwestiynau

1 Mae'r graff isod yn dangos newid màs meinwe pwmpen sy'n cael ei rhoi mewn gwahanol grynodiadau o sodiwm clorid. Rhagfynegwch ar ba grynodiad fydd dim newid màs yn digwydd.

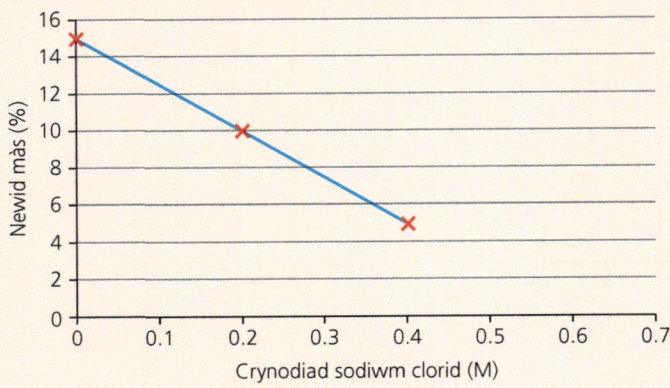

Cam 1 Gan mai'r echelin y sy'n dangos newid màs, mae dim newid màs yn golygu bod $y = 0$, felly rydych chi'n chwilio am ryngdoriad y llinell â'r echelin x.

Cam 2 Dydy'r llinell yn y graff ddim yn cyrraedd yr echelin x, felly mae angen i chi estyn y llinell at yr echelin x.

Cam 3 Yna, darllen y gwerth x lle mae'n cyrraedd yr echelin.

Crynodiad y sodiwm clorid lle does dim newid màs = ...

2 Mae'r graff isod yn dangos effaith cynyddu lleithder ar gyfradd trydarthu. Beth yw cyfradd newid y gyfradd trydarthu?

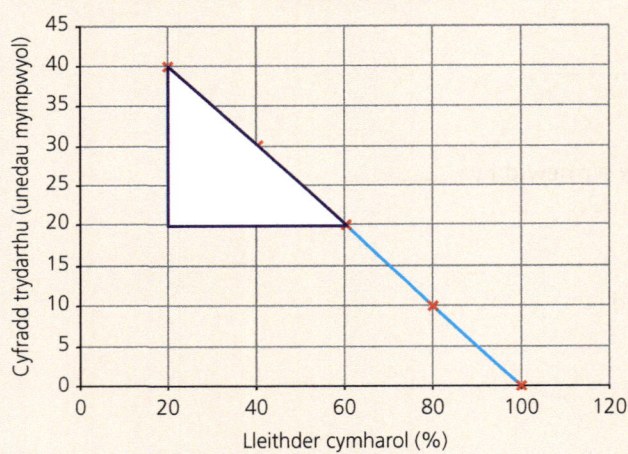

Y gyfradd newid yw graddiant y llinell.

Cam 1 I ganfod graddiant y llinell, yn gyntaf mae angen lluniadu triongl ongl sgwâr â'r hypotenws ar y llinell.

Cam 2 Nesaf, darllen y newid i y drwy edrych ar ymyl fertigol y triongl, a'r newid i x drwy edrych ar ymyl lorweddol y triongl.

Newid i x = ...

Newid i y = ...

Cam 3 Yn olaf, amnewid y ddau rif i'r fformiwla:

Graddiant = newid i y ÷ newid i x

Graddiant = ... ÷ ....

Cam 4 Cyfradd newid y gyfradd trydarthu = ...

Cyngor

Gan fod y cwestiwn hwn yn cynnwys allosod, mae'n lleihau ein hyder yng nghywirdeb ein hateb. Byddai'n bosibl cynnal ymchwiliad dilynol â chrynodiadau sodiwm clorid o gwmpas y rhyngdoriad disgwyliedig, i weld a oedd yr allosodiad yn gywir.

C Cwestiynau ymarfer

3. Mae'r graff isod yn dangos canlyniadau ymchwiliad i osmosis mewn sampl o feinwe winwnsyn/nionyn. Beth oedd crynodiad mewnol y celloedd winwnsyn/nionyn?

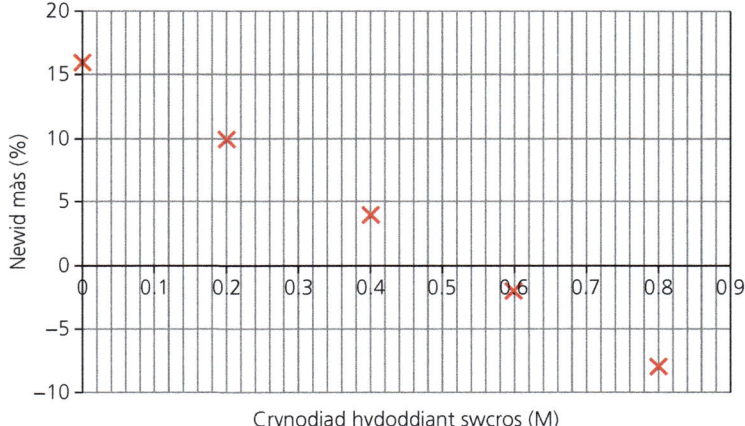

Crynodiad hydoddiant swcros (M)

4. Mae'r graff isod yn dangos canlyniadau ymchwiliad i'r ffordd mae amylas yn torri startsh i lawr. Beth yw'r gyfradd gyflymaf mae'r adwaith yn ei chyflawni yn ystod yr ymchwiliad hwn? Esboniwch sut gwnaethoch chi gyrraedd eich ateb.

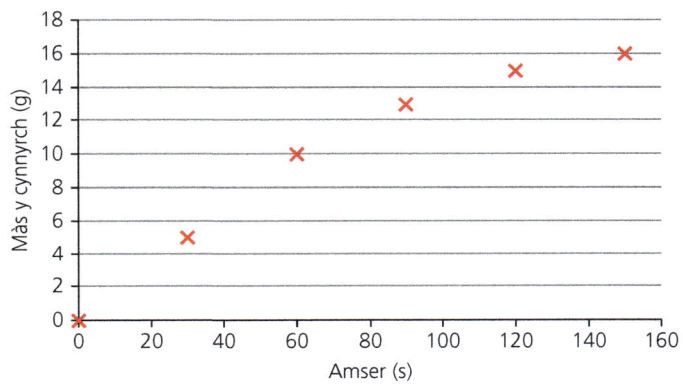

Amser (s)

» Geometreg a thrigonometreg

Mae **geometreg** yn ymwneud â siâp a maint; mae **trigonometreg** yn ymwneud â'r hydoedd a'r onglau mewn trionglau. Byddwn ni'n aml yn defnyddio siapiau syml fel ciwbiau neu betryalau i gynrychioli organebau a ffurfiadau biolegol, ac yn aml mae angen cyfrifo arwynebeddau neu onglau wrth wneud gweithgareddau samplu.

Termau allweddol
Geometreg: Y gangen o fathemateg sy'n ymwneud â siâp a maint.

Trigonometreg: Y gangen o fathemateg sy'n ymwneud â'r hydoedd a'r onglau mewn trionglau.

Cyfrifo arwynebedd, arwynebedd arwyneb a chyfaint ciwbiau

Byddwn ni'n aml yn defnyddio siapiau syml fel ciwbiau neu betryalau i gynrychioli organebau a ffurfiadau biolegol. Felly, efallai y bydd gofyn i chi gyfrifo gwahanol arwynebeddau a chyfeintiau.

Arwynebedd trionglau a phetryalau

Gallwn ni ddefnyddio'r fformiwla ganlynol i gyfrifo arwynebedd triongl:

Arwynebedd triongl = (uchder × sail) ÷ 2

Gallwn ni ddefnyddio'r fformiwla ganlynol i gyfrifo arwynebedd petryal:

Arwynebedd petryal = hyd × lled

Cyngor
Fel arall, os yw'n haws i chi, gallwch chi ddefnyddio'r fformiwla:

Arwynebedd triongl = 0.5 × (uchder × sail)

Mae hyn oherwydd bod rhannu â 2 yr un fath â lluosi â $\frac{1}{2}$ neu 0.5

A Enghreifftiau wedi'u datrys

1. Mae'r diagram isod yn dangos dimensiynau arwynebedd sy'n cael ei ddefnyddio mewn gweithgaredd samplu.

   Cyfrifwch yr arwynebedd samplu.

   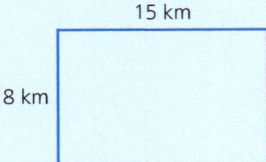

   Cam 1 Mae'r arwynebedd samplu yn betryal. Fformiwla arwynebedd petryal yw:

   Arwynebedd petryal = hyd × lled

   Cam 2 Dimensiynau'r arwynebedd samplu yw: hyd = 15 km; lled = 8 km

   Cam 3 Amnewid y gwerthoedd hyn yn yr hafaliad:

   Arwynebedd samplu = 15 km × 8 km = 120 km²

2. Mae siâp deilen yn fras yn driongl, ag uchder 6 cm a sail 3 cm. Cyfrifwch arwynebedd y ddeilen.

   Cam 1 Fformiwla arwynebedd triongl yw:

   Arwynebedd triongl = (uchder × sail) ÷ 2

   Cam 2 Dimensiynau'r triongl hwn yw: uchder = 6 cm; sail = 3 cm

   Cam 3 Amnewid y gwerthoedd hyn yn yr hafaliad:

   Arwynebedd triongl = (6 × 3) ÷ 2 = 9

   Arwynebedd y ddeilen = 9 cm²

Arwynebedd arwyneb a chyfaint ciwbiau

Gallwn ni ddefnyddio'r fformiwla ganlynol i gyfrifo arwynebedd arwyneb un ochr i giwb (sgwâr):

Arwynebedd sgwâr = hyd × lled

Mae gan giwb chwe ochr, felly cyfanswm arwynebedd arwyneb ciwb yw:

Arwynebedd arwyneb ciwb = hyd un ochr × lled un ochr × 6

Fformiwla cyfaint ciwb yw:

Cyfaint ciwb = hyd × lled × uchder

Mae ochrau ciwb i gyd yr un hyd, felly gallwn ni symleiddio'r fformiwla:

Cyfaint ciwb = hyd un ochr³

Efallai y bydd cwestiynau arholiad sy'n rhoi sylw i'r sgìl hwn yn gofyn i chi gyfrifo cymarebau, fel cymarebau arwynebedd arwyneb i gyfaint. Mae mwy o wybodaeth am ddefnyddio cymarebau yn yr adran 'Ffracsiynau, canrannau a chymarebau' ar dudalennau 9–11.

GEOMETREG A THRIGONOMETREG

A Enghraifft wedi'i datrys

Mae hyd ochr ciwb o bridd yn 4 cm. Darganfyddwch arwynebedd arwyneb a chyfaint y ciwb hwn.

Cam 1 Dyma'r fformiwla ar gyfer cyfaint ciwb:

Cyfaint ciwb = hyd × lled × uchder

Gan fod ochrau ciwb i gyd yr un hyd, mae hyd, lled ac uchder unrhyw giwb penodol i gyd yr un gwerth. Mae hyn yn golygu mai dim ond dimensiwn un ochr sydd ei angen yn y cwestiwn, a byddwch chi'n gwybod hyd pob ochr.

Cam 2 Cyfaint y ciwb hwn yw: 4 cm × 4 cm × 4 cm = 64 cm^3

Cam 3 Dyma'r fformiwla ar gyfer arwynebedd arwyneb ciwb:

Arwynebedd arwyneb ciwb = arwynebedd un wyneb × nifer yr wynebau
= hyd ochr × hyd ochr × nifer yr wynebau

Mae gan bob ciwb chwe ochr, felly bydd nifer yr ochrau yn chwech bob amser.

Cam 4 Arwynebedd arwyneb y ciwb hwn yw 4 cm × 4 cm × 6 = 96 cm^2.

> **Cyngor**
>
> Unedau cyfaint fydd pellter ciwbig (er enghraifft, yn yr achos hwn cm^3) ac unedau arwynebedd arwyneb yw cm^2.

B Arweiniad ar y cwestiynau

1. Cyfrifwch gymhareb arwynebedd arwyneb : cyfaint ciwb os yw hyd un ochr yn 5 mm.

    Cam 1 Yn gyntaf mae angen cyfrifo arwynebedd arwyneb y ciwb:

    Arwynebedd arwyneb y ciwb = hyd ochr × hyd ochr × nifer yr wynebau
    Arwynebedd arwyneb y ciwb = ... × .... × 6
    Arwynebedd arwyneb = ... mm^2

    Cam 2 Nawr, cyfrifo cyfaint y ciwb:

    Cyfaint y ciwb = hyd × lled × uchder
    Cyfaint y ciwb = ... × .... × ....
    Cyfaint = ... mm^3

    Cam 3 Yn olaf, rhoi'r ddau werth hyn mewn cymhareb.

    Arwynebedd arwyneb : cyfaint = ... : ....

2. Fel rhan o ymchwiliad microbioleg, mae plât agar yn cael ei rannu'n wyth triongl. Mae gan bob triongl sail 50 mm ac uchder 38 mm. Beth yw arwynebedd un o'r trionglau hyn?

    Arwynebedd triongl = (uchder × sail) ÷ 2

    Cam 1 arwynebedd y triongl = (............... × ....) ÷ 2

    Cam 2 arwynebedd y triongl = ... ÷ 2

    Arwynebedd y triongl = ... mm^2

C Cwestiynau ymarfer

3. Mae darn petryalog o laswelltir yn cael ei ddinistrio mewn tân. Mae hyd y darn hwn yn 700 m a'r lled yn 400 m. Beth yw cyfanswm arwynebedd y glaswelltir sydd wedi'i ddinistrio?

4. Fel rhan o ymchwiliad i homeostasis, mae toriad trionglog o aren yn cael ei dynnu o famolyn marw a'i osod ar sleid microsgop. Mae hyd y toriad yn 17 mm a'i led yn 0.9 mm. Beth yw arwynebedd y toriad o'r aren?

5. Mewn ymchwiliad i dryrediad, mae dau giwb gelatin gwahanol yn cael eu defnyddio. Mae hyd ochr un yn 6 cm ac mae hyd ochr y llall yn 4 cm. Pa un o'r ciwbiau sydd â'r gymhareb arwynebedd arwyneb i gyfaint fwyaf? Dangoswch sut gwnaethoch chi gyrraedd eich ateb.

Defnyddio mesuriadau onglaidd mewn graddau

Ongl yw'r bwlch rhwng dwy linell neu ddau arwyneb sy'n croestorri. Rydyn ni'n aml yn mesur onglau mewn graddau (°). Dyma rai onglau cyffredin:

- 360° yw cylch cyflawn
- 180° yw hanner tro
- 90° yw ongl sgwâr.

Gallwn ni ddefnyddio'r wybodaeth hon i ddarganfod onglau anhysbys. Er enghraifft, os ydych chi'n gwybod bod un o'r ddwy ongl sy'n gwneud hanner tro yn 90°, mae'n rhaid bod y llall yn 90° oherwydd bod 90° + 90° = 180°.

Gallech chi ddefnyddio'r sgìl hwn i ddarganfod onglau mewn dysgl Petri wedi'i rhannu, neu'r ongl lle mae golau'n taro gwrthrych.

★ **Does dim angen y testun hwn yn benodol ar gyfer TGAU Bioleg CBAC, ond gall fod yn ddefnyddiol er hynny.**

▲ **Ffigur 1.5** Diagram ongl

A Enghraifft wedi'i datrys

Mae'r diagram isod yn dangos pelydr golau'n taro deilen. Os yw ongl $a = b$, beth yw ongl a?

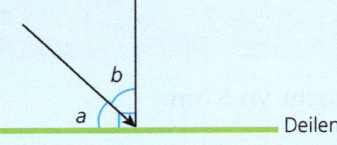

Cam 1 Gan fod $a + b$ = ongl sgwâr, mae hyn yn golygu bod: $a + b = 90°$

Cam 2 Gan fod $a = b$, mae hyn yn golygu bod: $2a = 90°$

Cam 3 Aildrefnu hyn i wneud a yn destun: $a = 90 \div 2 = 45°$

B Arweiniad ar y cwestiwn

1. Yn ystod ymchwiliad microbiolegol, mae dysgl Petri gron yn cael ei rhannu'n chwe adran o'r un maint, fel mae'r diagram isod yn ei ddangos.

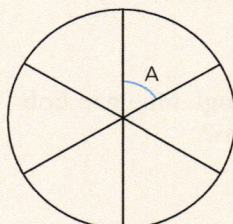

Beth yw ongl A? Dangoswch sut gwnaethoch chi gyrraedd eich ateb.

Cam 1 Mae'r ddysgl Petri yn gylch, felly mae cyfanswm yr onglau i gyd yn 360°.

Cam 2 Gan fod y ddysgl wedi'i rhannu'n chwe adran o'r un maint, i gyfrifo A mae angen rhannu 360° â 6.

A = 360 ÷ 6v

A = ...

Cyngor

Fel mae'r enghraifft hon yn ei ddangos, dim ond mater o ddefnyddio hafaliadau syml yw cyfrifo onglau anhysbys:
- Cyfanswm onglau tro cyfan = 360°
- Cyfanswm onglau hanner tro = 180°
- Cyfanswm onglau ongl sgwâr = 90°

C Cwestiwn ymarfer

2. Mae toriad crwn drwy feinwe planhigyn yn cael ei ddefnyddio mewn astudiaeth. Mae toriad 120° o'r feinwe'n cael ei dynnu allan i'w ddadansoddi. Pa gyfran o'r feinwe sydd wedi cael ei thynnu? Dangoswch sut gwnaethoch chi gyrraedd eich ateb.

2 Llythrennedd

Bydd y papurau arholiad Bioleg yn cynnwys cwestiynau ymateb estynedig. Bydd y cwestiynau hyn yn profi eich gallu i lunio a datblygu rhesymeg gyson. Mae angen i'r atebion hyn fod:

- yn drefnus – y pwyntiau rydych chi'n eu gwneud yn yr ateb yn glir
- yn berthnasol – y pwyntiau rydych chi'n eu gwneud yn yr ateb i gyd yn ateb y cwestiwn
- wedi'u cyfiawnhau (er enghraifft drwy eu hategu) – y pwyntiau rydych chi'n eu gwneud yn yr ateb wedi'u cefnogi gan wybodaeth wyddonol
- wedi'u strwythuro'n rhesymegol – mae'r ateb wedi'i gynllunio'n dda, a'r pwyntiau wedi'u trefnu mewn trefn resymegol.

Fel arfer, bydd 6 marc am gwestiynau ymateb estynedig, a rhaid ysgrifennu'r atebion mewn darn o ryddiaith estynedig. Bydd yr adran hon yn eich tywys chi drwy'r pwyntiau allweddol o ran ateb y cwestiynau hyn. Mae'r enghreifftiau yn yr adran hon i gyd yn cynnwys rhyddiaith estynedig.

❯❯ Sut i ysgrifennu ymatebion estynedig

Y cam cyntaf tuag at ateb cwestiynau ymateb estynedig yn dda yw dysgu sut i'w hadnabod nhw:

- Bydd cwestiynau ymateb estynedig yn aml yn defnyddio geiriau gorchymyn fel 'Gwerthuswch', 'Esboniwch', 'Cynlluniwch' a 'Cymharwch'.
- Efallai y bydd y cwestiynau hyn yn gofyn i chi gysylltu gwybodaeth, dealltwriaeth a sgiliau o fwy nag un maes yn y fanyleb, er enghraifft cysylltu gwaith ar osmosis â gweithredoedd yr hormon ADH.
- Mae cwestiynau ymateb estynedig hefyd yn gallu bod yn gyfrifiadau â mwy nag un cam, er bod hyn yn llai tebygol yn yr arholiad Bioleg nag yn y papurau Cemeg neu Ffiseg.

Y rhan bwysicaf o gwestiwn ymateb estynedig yw adnabod y gair gorchymyn – y gair allweddol sy'n dweud wrthoch chi beth i'w wneud. Gwnewch yn siŵr bod eich ateb yn cysylltu'n ôl â'r gair gorchymyn hwn, ac yn ateb y cwestiwn sy'n cael ei ofyn.

Ynghyd â geiriau gorchymyn, bydd cwestiynau ymateb estynedig yn aml yn cynnwys data a gwybodaeth allweddol arall. Mae'n bwysig iawn eich bod chi'n cyfeirio at y data neu'r wybodaeth hon yn eich ateb os yw wedi'i rhoi – mae yno am reswm. Hefyd, weithiau fe welwch chi 'gyngor' yn y cwestiwn am yr hyn mae angen i chi ei gynnwys i gael marciau llawn. Eto, os yw hyn yn digwydd, gwnewch yn siŵr eich bod chi'n ei ddefnyddio.

Mae enghraifft o sut i adnabod ymateb estynedig ar y dudalen ganlynol.

> **Cyngor**
> Edrychwch ar bapurau diweddar gan eich bwrdd arholi i wneud yn siŵr eich bod chi'n gallu adnabod y cwestiynau ymateb estynedig.

A Enghraifft wedi'i datrys

Mae'r tabl isod yn dangos canlyniadau ymchwiliad i effaith tymheredd ar weithrediad lipas.

Tymheredd (°C)	pH yr hydoddiant
20	7
40	2
60	5
80	7

Esboniwch ganlyniadau'r ymchwiliad hwn. [6]

Yn y cwestiwn hwn, gallwch chi weld mai'r gair gorchymyn yw 'Esboniwch'. Mae'n syniad da tanlinellu neu amlygu termau a gwybodaeth allweddol yn y cwestiwn, ac yn enwedig y gair/geiriau gorchymyn. Bydd hyn yn eich helpu chi i gadw ffocws ar rannau pwysig y cwestiwn.

Mae'r data a'r wybodaeth bwysig wedi'u cyflwyno'n glir yn y cwestiwn hwn fel rhan o dabl, ond weithiau byddan nhw yn nhestun y cwestiwn.

Does dim cyngor ychwanegol i helpu yn y cwestiwn hwn, felly dylai fod yn ddigon syml. Does dim angen llawer o wybodaeth yn eich ateb am sut mae lipas yn gweithredu yn y corff; dylech chi ganolbwyntio ar y rheswm pam mae'r pH yn newid wrth i asidau brasterog gael eu cynhyrchu, ac effaith tymheredd ar y lipas.

Sut i gynllunio eich ateb

Wrth gynllunio eich ateb, y peth cyntaf i'w wneud yw darllen y cwestiwn yn ofalus. Mae hyn yn golygu ei ddarllen ddwywaith o leiaf a thanlinellu'r pwyntiau allweddol. Os nad ydych chi wedi deall y cwestiwn yn iawn, gallech chi ysgrifennu rhywbeth hollol amherthnasol a cholli marciau.

Bydd ysgrifennu cynllun yn eich helpu chi i lunio eich ateb, i sicrhau eich bod chi'n rhoi sylw i bopeth mewn modd rhesymegol ac yn cynyddu eich siawns o gael marciau llawn. Dim ond ychydig bach mwy o amser dylai'r cynllun ei gymryd, ond mae'n bwysig. Gallai fod yn rhestr fer o bwyntiau bwled, yn dabl neu'n fap meddwl syml.

Wrth edrych ar y cwestiwn blaenorol, rydych chi eisoes yn gwybod bod rhaid i chi ddefnyddio'r data yn y cwestiwn yn eich ateb, ac mae angen i chi esbonio pam mae'r canlyniadau'n dangos y duedd honno, nid dim ond disgrifio'r data. Fel rydyn ni eisoes wedi'i ddweud, does dim angen llawer o wybodaeth yn eich ateb am sut mae lipas yn gweithredu yn y corff, felly dylai'r ateb ganolbwyntio ar y rheswm pam mae'r pH yn newid wrth i asidau brasterog gael eu cynhyrchu, ac effaith tymheredd ar y lipas.

Enghraifft o gynllun mewn rhestr o bwyntiau bwled:

- Mae lipas yn cynhyrchu <u>asidau brasterog</u> – cynhyrchu mwy o asidau brasterog mewn 5 munud – cyfradd adwaith gyflymach – pH isel.
- Mae <u>cyfradd yr adwaith</u> yn amrywio gyda thymheredd.
- Tymheredd isel – llai o <u>egni cinetig</u>.
- Wrth i'r tymheredd gynyddu – mwy o wrthdrawiadau llwyddiannus.
- Tymheredd uchel – <u>dadnatureiddio'r ensym</u>.

SUT I YSGRIFENNU YMATEBION ESTYNEDIG

Mae hwn yn gynllun clir ar ffurf nodiadau, a byddai'n bosibl ei ysgrifennu'n gyflym. Mae'n cynnwys yr holl bwyntiau allweddol sydd eu hangen i ateb y cwestiwn hwn yn llawn.

Mae'r pwyntiau wedi'u gosod mewn trefn resymegol, felly mae'n bosibl eu dilyn wrth ysgrifennu'r ateb, a'u ticio wrth iddyn nhw gael eu hysgrifennu. Gallech chi hefyd ysgrifennu rhifau wrth y pwyntiau bwled pe baech chi'n penderfynu y byddai trefn arall yn fwy rhesymegol. Mae termau allweddol hefyd wedi'u tanlinellu, i'w gwneud hi'n haws sicrhau eu bod nhw'n cael eu cynnwys.

Mae'n debygol y bydd angen i chi dreulio mwy o amser ar gwestiwn ymateb estynedig chwe marc nag ar dri chwestiwn dau farc ar wahân. Mae cwestiwn ymateb estynedig brysiog yn annhebygol o gael sgôr yn y band uchaf. Am y rheswm hwn, mae angen i chi fod yn ymwybodol o faint o amser i'w dreulio ar y mathau hyn o gwestiynau, yn enwedig gan fod angen cymryd tua munud i ysgrifennu cynllun bras. Mae rhagor o gyngor am amseru pethau yn yr arholiad ar dudalennau 83–84.

Sut i wirio eich ateb

Ar ôl i chi ysgrifennu eich ateb, mae'n syniad da gwirio nad ydych chi wedi gwneud unrhyw gamgymeriadau diofal. Darllenwch yn ôl dros eich ateb yn ofalus a gofynnwch i chi eich hun:

- Ydw i wedi rhoi sylw i bopeth yn fy ateb, gan gynnwys unrhyw enghreifftiau perthnasol neu wybodaeth a gafodd eu rhoi yn y cwestiwn?
- Ydy'r ateb yn drefnus ac yn rhesymegol?
- Ydy'r deunydd i gyd yn berthnasol?
- Oes unrhyw gamgymeriadau sillafu, atalnodi neu ramadeg?

Mae'n bwysig sillafu geiriau gwyddonol allweddol yn gywir, ond dylech chi geisio sillafu pob gair yn gywir. Mae'n syniad da dysgu sut i sillafu'r rhai sydd wedi'u rhoi yn y tabl isod; mae'r rhain yn cael eu camsillafu'n aml.

Tabl 2.1 Sillafu cywir

Mitosis	Brechu	Giberelin
Meiosis	Clorosis	Enciliol
Trylediad	Aerobig	Ffurfiant rhywogaethau
Osmosis	Anaerobig	Archaea
Capilarïau	Cyhyrau ciliaraidd	Protist
Trosglwyddadwy	Pitwidol	Dialysis

Sut i wneud yn dda mewn cwestiynau ymateb estynedig

Y prif wahaniaeth rhwng cwestiynau ymateb estynedig a mathau eraill o gwestiwn yw bod y cwestiynau hyn yn cael eu marcio gan ddefnyddio cynlluniau marcio sy'n seiliedig ar 'fandiau'.

Wrth ateb cwestiynau ymateb estynedig, cewch chi farciau yn unol â lefel y sgìl a'r wybodaeth rydych chi'n ei dangos yn eich ateb. Mae'r lefel hon yn dibynnu ar:

- ansawdd cyffredinol yr ateb
- y cynnwys dangosol ar gyfer pob lefel.

Yna, caiff eich ateb ei roi ar y lefel fwyaf addas iddo. Ar ôl penderfynu ar y lefel, bydd eich union farc o fewn y lefel honno'n dibynnu ar ansawdd eich ymateb.

> **Cyngor**
>
> Peidiwch bodloni ar ysgrifennu popeth rydych chi'n ei wybod am destun. Gall hyn fod yn demtasiwn fawr, ac felly mae'n gamgymeriad cyffredin. Fodd bynnag, bydd cynnwys pwyntiau amherthnasol yn golygu y cewch chi lai o farciau, a bydd hefyd yn gwastraffu amser. Dyna pam mae cynllunio'n syniad da – bydd yn eich helpu chi i ganfod y pwyntiau perthnasol a fframio'r ateb mewn modd rhesymegol.

Mae enghraifft gyffredinol o gynllun marcio ymateb estynedig chwe marc i'w gweld isod:

Tabl 2.2 Enghraifft gyffredinol o gynllun marcio ymateb estynedig chwe marc

Lefel	Disgrifiad	Marc
Lefel 3	Ateb clir, rhesymegol a threfnus yn cynnwys dim ond deunydd perthnasol.	5–6
Lefel 2	Ateb rhannol yn cynnwys camgymeriadau a rhywfaint o ddeunydd perthnasol.	3–4
Lefel 1	Un neu ddau o bwyntiau perthnasol, ond diffyg rhesymu rhesymegol ac yn cynnwys camgymeriadau.	1–2
Lefel 0	Dim cynnwys perthnasol.	0

Bydd cynlluniau marcio hefyd yn cynnwys rhestr o 'gynnwys dangosol'. Pwyntiau allweddol sy'n berthnasol i'r cwestiwn yw'r rhain. Does dim rhaid i chi roi sylw i'r pwyntiau hyn i gyd i gael marciau llawn, dim ond y rhan fwyaf ohonyn nhw. Maen nhw'n offeryn adolygu defnyddiol wrth ymarfer cwestiynau ymateb estynedig.

Gan ddefnyddio'r cynllun marcio uchod fel enghraifft:

- Pe bai ateb myfyriwr yn bodloni holl feini prawf lefel 2 ond nid pob un ar gyfer lefel 3, byddai'n cael ei osod ar lefel 2. Gallai hyn fod oherwydd bod y myfyriwr wedi cynnwys gwybodaeth amherthnasol.
- Pe bai'r myfyriwr wedi ysgrifennu ateb da a dim ond prin yn methu cyrraedd lefel 3, byddai'n cael 4 marc – y marc uchaf yn lefel 2.
- Ar y llaw arall, os mai dim ond prin wedi gwneud digon i gyrraedd lefel 2 mae'r myfyriwr, byddai'n cael 3 marc.

» Sut i ateb geiriau gorchymyn gwahanol

Gweithiwch drwy'r cwestiynau ysgrifennu estynedig canlynol, sy'n edrych ar brif eiriau gorchymyn ymateb estynedig. Bydd hyn yn eich helpu i ddeall yn well sut i ysgrifennu ateb hir da.

Ar gyfer pob gair gorchymyn mae:

- cwestiwn 'sylwadau ar atebion' sy'n rhoi ymateb enghreifftiol gan fyfyriwr, ynghyd â dadansoddiad o'r hyn sy'n dda ac yn wael amdano
- cwestiwn 'asesu ateb myfyriwr' lle byddwch chi'n cael cyfle i ddefnyddio'r hyn rydych chi wedi'i ddysgu i farcio ateb enghreifftiol eich hun
- cwestiwn 'gwella'r ateb' lle bydd gofyn i chi wella ymateb myfyriwr arall i geisio cael marciau llawn.

Ymatebion estynedig: Disgrifiwch

Mewn cwestiwn 'Disgrifiwch', dylai eich ateb roi disgrifiad o'r hyn sy'n digwydd mewn proses benodol. Dylech chi sicrhau bod eich ateb yn fanwl ac yn defnyddio cymaint o eiriau allweddol â phosibl.

> **Cyngor**
>
> Wrth ateb cwestiynau ymateb estynedig, mae'n bwysig gwneud yn siŵr bod eich ateb yn cynnwys yr holl elfennau sy'n mynd i sicrhau ei fod yn cyrraedd y band uchaf.

> **Cyngor**
>
> Wrth adolygu, ceisiwch ysgrifennu ymateb estynedig sy'n rhoi sylw i bob un o'r pwyntiau 'cynnwys dangosol' hyn.

SUT I ATEB GEIRIAU GORCHYMYN GWAHANOL

A Sylwadau ar atebion

1 Disgrifiwch sut datblygodd y bacteria MRSA ymwrthedd i wrthfiotigau, a sut gall meddygon, cleifion a ffermwyr gydweithio i leihau'r siawns y bydd bacteria ag ymwrthedd i wrthfiotigau yn datblygu. [6]

Ateb myfyriwr

Mae gwrthfiotigau yn gyffredin ers llawer o flynyddoedd. Mae gan facteria MRSA sy'n mwtanu ac sydd yna ag ymwrthedd i wrthfiotigau fantais dros facteria sydd heb y mwtaniad hwn.

Mae hyn yn golygu eu bod nhw'n fwy tebygol o oroesi a throsglwyddo'r genynnau ymwrthedd i wrthfiotigau. Mae'r broses hon yn ailadrodd gan olygu bod MRSA sydd ag ymwrthedd i wrthfiotigau wedi dod yn fwy cyffredin. Mae'n bwysig iawn bod meddygon, ffermwyr a chleifion yn cydweithio i leihau ymwrthedd i wrthfiotigau.

Mae hwn yn ateb lefel 2 a byddai'n debygol o gael pedwar marc.

Mae rhan gyntaf yr ateb hwn yn ddisgrifiad da, manwl o esblygiad bacteria sydd ag ymwrthedd i wrthfiotigau.

Cyngor

Mae atebion enghreifftiol i'r holl gwestiynau Sylwadau ar atebion i'w gweld ar dudalennau 107–110.

Er bod y rhan gyntaf o'r ateb yn dda iawn, mae'n amlwg nad oedd y myfyriwr yn gwybod sut i ateb rhan olaf y cwestiwn ynglŷn â sut gall grwpiau gwahanol weithio i leihau ymwrthedd i wrthfiotigau. Dim ond ailddatgan yr hyn sydd yn y cwestiwn mae'r myfyriwr yn ei wneud; does dim ymgais i ddisgrifio sut gall y grwpiau hyn leihau ymwrthedd i wrthfiotigau.

B Asesu ateb myfyriwr

2 Disgrifiwch broses triniaeth ffrwythloniad in vitro (IVF) [6]

Ateb myfyriwr

Mae wyau yn cael eu casglu o'r fam. Yna, mae'r rhain yn cael eu cymysgu â sberm o'r tad yn y labordy, ac mae ffrwythloniad yn digwydd. Mae'r wyau wedi'u ffrwythloni'n datblygu i ffurfio embryonau, sydd yna'n cael eu tyfu yn tiwbiau profi. I ddechrau, mae'r fam yn cael yr ensym FSH, sy'n symbylu llawer o wyau i aeddfedu.

Defnyddiwch y cynllun marcio a'r cynnwys dangosol isod i roi lefel a marc i'r ateb hwn.

Cynllun marcio

Lefel	Disgrifiad	Marc
Lefel 3	Ateb clir, strwythuredig a rhesymegol, a'r deunydd i gyd yn berthnasol. Mae'r ateb yn amlinellu proses IVF yn glir, gan gynnwys defnyddio FSH ac LH, echdynnu wyau, creu embryonau a mewnblannu'r embryonau yn y fam.	5–6
Lefel 2	Ateb rhesymol glir a rhesymegol â rhywfaint o strwythur, a'r rhan fwyaf o'r deunydd yn berthnasol. Dydy rhai rhannau o'r broses ddim yn hollol fanwl.	3–4
Lefel 1	Prinder pwyntiau perthnasol, diffyg strwythur clir neu resymu rhesymegol. Mae'r myfyriwr yn rhoi disgrifiad cyfyngedig o IVF sy'n cynnwys camgymeriadau.	1–2
Lefel 0	Dim cynnwys perthnasol.	0

Cynnwys dangosol:
- Mae FSH ac LH yn cael eu rhoi i'r fam i symbylu llawer o wyau i aeddfedu.
- Mae'r wyau'n cael eu casglu o'r fam.
- Mae'r wyau'n cael eu ffrwythloni yn y labordy â sberm sydd wedi'i gymryd o'r tad.
- Mae'r wyau sydd wedi'u ffrwythloni'n datblygu i ffurfio embryonau.
- Cyn gynted â bod yr embryonau'n belen fach o gelloedd, mae un neu ddau yn cael eu rhoi yng nghroth y fam.

Byddwn i'n rhoi lefel .... a .... marc i'r ateb hwn. Mae hyn oherwydd …

....
....
....

C Gwella'r ateb

3 Disgrifiwch sut mae adborth negatif yn rheoli lefel y dŵr yn y corff. [6]

Ateb myfyriwr

Y gwrthgorff AHD sy'n rheoli lefel y dŵr yn y corff. Caiff AHD ei ryddhau os yw crynodiad y gwaed yn rhy uchel. Mae'r AHD yn gweithredu ar ddwythellau'r arennau, ac yn achosi i lai o ddŵr gael ei adamsugno i mewn i'r gwaed ac i fwy o ddŵr gael ei ryddhau yn y troeth. Y chwarren bitwidol sy'n rhyddhau AHD. Mae hyn yn enghraifft o adborth negatif.

Ailysgrifennwch yr ateb hwn i'w wella a chael chwech allan o chwech.

Ymatebion estynedig: Esboniwch

Mewn cwestiwn 'Esboniwch', dylech chi fod yn nodi *pam* mae rhywbeth yn digwydd. Dylai eich ateb gymhwyso eich gwybodaeth wyddonol i'r enghraifft sydd yn y cwestiwn, ac esbonio'r broses yn llawn, mor fanwl â phosibl.

Cyngor

Mae myfyrwyr yn aml yn cymysgu rhwng cwestiynau 'Disgrifiwch' ac 'Esboniwch'. Mae cwestiynau 'Esboniwch' yn gofyn i chi ddweud *pam* mae rhywbeth yn digwydd, ac mae cwestiynau 'Disgrifiwch' yn gofyn i chi ddweud *beth* sy'n digwydd.

A Sylwadau ar atebion

1 Mae'r llun isod yn dangos potomedr. Esboniwch sut gallech chi ddefnyddio'r cyfarpar hwn i ddarganfod effaith buanedd y gwynt ar y gyfradd trydarthu. Yn eich ateb, cyfeiriwch at sut byddech chi'n gwneud yn siŵr eich bod chi'n cael canlyniadau ailadroddadwy. [6]

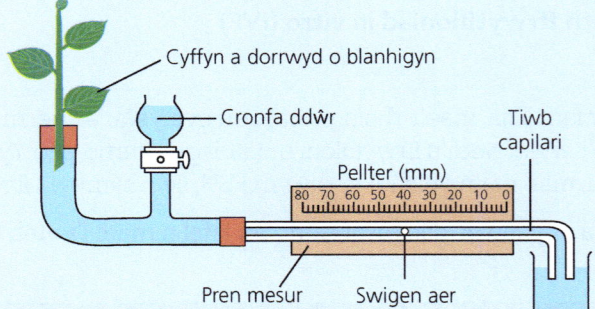

Ateb myfyriwr

Mae'r potomedr yn mesur cyfradd mewnlifiad dŵr i'r planhigyn. Mae dŵr yn teithio i fyny'r sylem yn y coesyn, i mewn i'r dail ac yna'n mynd allan o'r dail drwy'r stomata. I ddangos effaith buanedd y gwynt, dylech chi gael gwyntyll, a mesur y gyfradd trydarthu heb ddefnyddio gwyntyll ac yna gyda'r wyntyll yn chwythu. Gallwch chi fesur y gyfradd trydarthu drwy weld pa mor bell mae'r swigod yn symud mewn amser penodol. I sicrhau bod y canlyniadau'n ailadroddadwy, mae angen ailadrodd yr ymchwiliad dair gwaith ar bob buanedd gwynt, a chyfrifo cyfradd trydarthu gymedrig. Mae angen sicrhau hefyd fod pob newidyn arall (tymheredd, arddwysedd golau, etc.) yn aros yn gyson drwy gydol yr ymchwiliad.

Mae hwn yn ateb lefel 3 a byddai'n debygol o gael pum marc.

Mae'r myfyriwr yn nodi'n gywir fod potomedr yn mesur cyfradd mewnlifiad dŵr, ond nid yw'n sôn am y berthynas rhwng hyn a thrydarthiad.

Mae'r myfyriwr yn gywir wrth ddweud bod modd defnyddio gwyntyll i newid buanedd y gwynt. Fodd bynnag, nid yw defnyddio ac yna peidio â defnyddio gwyntyll yn esboniad digon manwl o sut i newid y newidyn annibynnol (buanedd y gwynt).

Mae'r myfyriwr yn gywir wrth sôn am ailadrodd yr ymchwiliad a defnyddio'r ailadroddiadau hyn i gyfrifo cymedr. Mae hefyd wedi cysylltu'r pwynt hwn ag ailadroddadwyedd; mae'r cwestiwn yn sôn yn benodol am hyn.

Mae'r darn am symudiad dŵr yn gywir, ond nid yw wir yn berthnasol i'r cwestiwn. Gallai hyn fod yn enghraifft o fyfyriwr yn ateb y cwestiwn roedd yn gobeithio ei weld, yn hytrach na'r un oedd ar y papur mewn gwirionedd.

Mae'r myfyriwr yn nodi, yn gywir, mai'r pellter mae'r swigen yn ei symud yn y potomedr mewn amser penodol yw'r newidyn a ddylai gael ei fesur (y newidyn dibynnol).

Mae'r ateb hefyd yn sôn am gadw newidynnau eraill (rheoli) yn gyson. Mae hyn yn bwysig i sicrhau mai'r newidyn annibynnol sy'n effeithio ar y newidyn dibynnol.

SUT I ATEB GEIRIAU GORCHYMYN GWAHANOL

B Asesu ateb myfyriwr

2 Mae lipidau'n gydran bwysig mewn deiet cytbwys. Esboniwch bwysigrwydd lipas a bustl i dreulio lipidau. [6]

Ateb myfyriwr

Mae lipas yn ensym treulio sy'n torri lipidau i lawr i ffurfio asidau amino. Mae bustl yn secretiad alcali sy'n cael ei storio yng nghoden y bustl. Mae'n cael ei ryddhau i'r coluddyn bach lle mae'n niwtralu asid hydroclorig, sydd wedi'i ryddhau o'r stumog. Ei brif swyddogaeth yw emwlsio lipidau. Mae hyn yn golygu achosi i'r lipidau droi'n ddefnynnau bach, sy'n cynyddu'r arwynebedd arwyneb. Mae hyn yn cyflymu treuliad gan lipas drwy roi arwynebedd arwyneb mwy i'r ensym weithio arno. Mae'r amodau alcalïaidd hefyd yn cynyddu datod lipidau gan lipas.

Defnyddiwch y cynllun marcio a'r cynnwys dangosol isod i roi lefel a marc i'r ateb hwn.

Cynllun marcio

Lefel	Disgrifiad	Marc
Lefel 3	Ateb clir, strwythuredig a rhesymegol, a'r deunydd i gyd yn berthnasol. Mae'r ateb yn rhoi esboniad clir o bwysigrwydd bustl a lipas i dreulio lipidau heb hepgor dim byd allweddol na gwneud unrhyw gamgymeriadau allweddol.	5–6
Lefel 2	Ateb rhesymol glir a rhesymegol â rhywfaint o strwythur, a'r rhan fwyaf o'r deunydd yn berthnasol. Mae'n esbonio pwysigrwydd bustl a hefyd lipas, ond gan hepgor rhai pethau a gwneud rhai camgymeriadau clir.	3–4
Lefel 1	Prinder pwyntiau perthnasol, diffyg strwythur clir neu resymu rhesymegol. Dim ond esboniad cyfyngedig o bwysigrwydd lipas neu fustl, a chamgymeriadau amlwg.	1–2
Lefel 0	Dim cynnwys perthnasol.	0

Cynnwys dangosol:
- Mae lipas yn ensym treulio sy'n torri lipidau i lawr i gynhyrchu glyserol ac asidau brasterog.
- Yna, mae'r glyserol a'r asidau brasterog sy'n cael eu ffurfio yn gallu cael eu defnyddio i gynhyrchu lipidau newydd.
- Mae bustl yn secretiad alcalïaidd sy'n cael ei gynhyrchu yn yr iau/afu, ei storio yng nghoden y bustl a'i ddefnyddio yn y coluddyn bach.
- Mae bustl yn niwtralu asid y stumog wrth fynd i mewn i'r dwodenwm.
- Mae bustl yn emwlsio brasterau i ffurfio defnynnau bach, sy'n cynyddu arwynebedd arwyneb y braster.
- Mae'r amodau alcalïaidd a'r arwynebedd arwyneb mawr yn cynyddu cyfradd dadelfeniad y braster gan lipas.

Byddwn i'n rhoi lefel .... a .... marc i'r ateb hwn. Mae hyn oherwydd ...

....

....

....

C Gwella'r ateb

3 Mae ymchwiliad yn cael ei gynnal i ddau grŵp o'r pryf ffrwythau *Drosophila*. Mae'r pryfed o'r ddau grŵp yn perthyn yn agos i'w gilydd, a'r gred yw eu bod nhw'n aelodau o'r un rhywogaeth. Mae'r arsylwadau sy'n cael eu gwneud yn ystod yr ymchwiliad i'w gweld isod.

- Mae'r ddau grŵp yn byw mewn ardaloedd gwahanol.
- Mae'r grwpiau'n bwydo ar ffynonellau bwyd gwahanol.
- Mae aelodau o'r un grŵp yn gallu bridio gyda'i gilydd a chynhyrchu epil ffrwythlon.
- Mae pryf o un grŵp yn gallu paru â phryf o'r grŵp arall, ond dydy e ddim yn gallu cynhyrchu epil ffrwythlon.

Defnyddiwch gysyniad dethol naturiol i esbonio'r arsylwadau hyn. [6]

Ateb myfyriwr

Dydy'r pryfed ddim yn aelodau o'r un rhywogaeth. Mae hyn oherwydd nad ydyn nhw'n gallu bridio i gynhyrchu epil ffrwythlon. Syniad Charles Darwin oedd damcaniaeth dethol naturiol. Mae'n nodi bod pethau byw wedi datblygu yn gyntaf o organebau syml filiynau o flynyddoedd yn ôl. Mae'n bosibl bod y pryfed ffrwythau yn y ddau grŵp wedi bod yn un rhywogaeth ar un adeg. Fodd bynnag, drwy 'oroesiad y cymhwysaf', newidiodd y ddau grŵp – o bosibl oherwydd deietau gwahanol. Yn y pen draw, roedden nhw mor wahanol fel nad oedden nhw'n gallu rhyngfridio i gynhyrchu epil ffrwythlon.

Ailysgrifennwch yr ateb hwn i'w wella a chael chwech allan o chwech.

Ymatebion estynedig: Lluniwch/Cynlluniwch

Mae'r ddau air gorchymyn hyn yn cael eu defnyddio mewn ffordd debyg, felly rydyn ni wedi eu grwpio nhw gyda'i gilydd yma. Byddai cwestiwn 'Lluniwch' neu 'Cynlluniwch' yn gofyn i chi amlinellu sut byddech chi'n cynnal ymchwiliad neu astudiaeth.

Ddylech chi ddim poeni am roi cyfeintiau na masau manwl gywir fel rhan o'r dull, ond dylech chi sicrhau bod eich dull yn ddiogel ac yn briodol yn y cyd-destun sydd wedi'i roi. Mae hyn yn golygu peidio â chynnwys unrhyw gyfarpar na fyddai ar gael, na defnyddio dull rhy gymhleth.

> **Cyngor**
>
> Mewn ymchwiliadau microbioleg yn yr ysgol, caiff tymheredd magu o 25°C ei ddefnyddio fel arfer i atal twf pathogenau dynol. Gan mai cwmni fferyllol sy'n cynnal yr ymchwiliad hwn ar bathogen dynol, mae 37°C yn dymheredd priodol i'w ddefnyddio.

A Sylwadau ar atebion

1 Mae gan haint bacteriol ymwrthedd i wrthfiotigaua cyffredin fel penisilin. Byddai cwmni fferyllol yn hoffi profi effaith y gwrthfiotig tigecyclin ar y bacteria. Y rhagdybiaeth yw y bydd tigecyclin yn gwneud mwy na phenisilin i leihau twf y bacteria.

Lluniwch arbrawf, gan ddefnyddio disgiau wedi'u mwydo mewn gwrthfiotigau, i brofi'r rhagdybiaeth hon. [6]

Ateb myfyriwr

Dylai hydoddiant gwrthfiotig â chrynodiad a chyfaint hysbys gael ei ychwanegu at gyfres o ddisgiau. Dylai'r disgiau hyn gael eu rhoi ar blatiau agar sy'n cynnwys meithriniad bacteria. Mae angen rhoi'r disgiau yng nghanol y plât agar. Yna, dylai'r platiau gael eu magu ar 37°C am 24 awr. ==Ar ddiwedd y cyfnod hwn, dylai'r rhan glir lle does dim bacteria yn tyfu gael ei mesur.==

Mae hwn yn ateb lefel 2 a byddai'n debygol o gael tri marc.

Mae manylion yr ymchwiliad wedi'u dangos yn glir.

Yn rhan olaf yr ateb, mae angen manylion am gymharu canlyniadau'r ddau wrthfiotig, ac felly ffurfio casgliad ynghylch a yw'r rhagdybiaeth yn gywir. Y gwrthfiotig sy'n cynhyrchu'r rhan glir fwyaf yw'r un sydd wedi lleihau twf bacteria fwyaf.

Y broblem allweddol â'r ateb hwn yw nad yw'n sôn am y rhagdybiaeth a'r ddau wrthfiotig gwahanol o gwbl. Mae angen nodi ar ddechrau'r ateb y bydd y dull hwn yn cael ei ddefnyddio ar gyfer penisilin a tigecyclin, er mwyn gallu cymharu'r canlyniadau.

SUT I ATEB GEIRIAU GORCHYMYN GWAHANOL

B Asesu ateb myfyriwr

2 Mae tri sampl bwyd yn cael eu cyflwyno i fyfyriwr. Mae angen i'r myfyriwr ddarganfod pa un sy'n cynnwys protein. Cynlluniwch ymchwiliad i alluogi'r myfyriwr i wneud hyn. [4]

Ateb myfyriwr

Byddai'r myfyriwr yn defnyddio'r prawf am broteinau, sef y prawf biuret. Dylai gymysgu samplau o bob bwyd ag adweithydd biuret, ac edrych am newid lliw. Os yw'r hydoddiant biuret yn troi o las i borffor, mae hyn dangos bod y sampl bwyd yn cynnwys protein.

Defnyddiwch y cynllun marcio a'r cynnwys dangosol isod i roi lefel a marc i'r ateb hwn.

Cynllun marcio

Lefel	Disgrifiad	Marc
Lefel 3	Ateb clir, strwythuredig a rhesymegol, a'r deunydd i gyd yn berthnasol. Mae'r myfyriwr yn nodi'n glir y dull i adnabod protein yn gywir mewn sampl, gan gynnwys defnyddio adweithydd biuret, y newid lliw o las i borffor a gwneud yn siŵr bod màs neu grynodiad pob sampl yr un fath.	3–4
Lefel 2	Ateb rhesymol glir a rhesymegol â rhywfaint o strwythur, a'r rhan fwyaf o'r deunydd yn berthnasol ond gan hepgor rhai pethau allweddol.	1–2
Lefel 1	Dim cynnwys perthnasol.	0

Cynnwys dangosol:
- Ychwanegu cyfaint penodol o bob sampl at gyfaint penodol o adweithydd biuret.
- Arsylwi'r newid lliw sy'n digwydd.
- Mae samplau sy'n newid lliw o las i borffor yn cynnwys protein.
- Dydy samplau sy'n aros yn las ddim yn cynnwys protein.

Byddwn i'n rhoi lefel .... a .... marc i'r ateb hwn. Mae hyn oherwydd ...

....
....
....

C Gwella'r ateb

3 Mae myfyriwr yn ymchwilio i amlder rhywogaeth *Taraxacum* ar ddarn o dir diffaith sydd tua 200 m². Mae'r cyfarpar isod ar gael i'r myfyriwr:

- cwadrad 0.25 m²
- 2 × tâp mesur 10 m
- generadur haprifau.

Lluniwch ymchwiliad i fesur maint poblogaeth y rhywogaeth *Taraxacum* yn yr ardal hon. [6]

Ateb myfyriwr

Yn gyntaf, cydosodwch y ddau dâp mesur i wneud grid. Sefwch yng nghanol y grid a thaflu'r cwadrad dros eich ysgwydd. Cyfrifwch sawl *Taraxacum* gallwch chi ddod o hyd iddo yn y cwadrad a chofnodwch y rhif hwn. Defnyddiwch y generadur haprifau i eneradu rhif. Ailadroddwch yr ymchwiliad y nifer hwn o weithiau, a chyfrifwch nifer cymedrig y *Taraxacum*. Lluoswch y rhif hwn â 4 i roi nifer cymedrig bob m². Yna, gallwch chi luosi'r ateb hwn â 200 i amcangyfrif y boblogaeth ar y tir diffaith.

Ailysgrifennwch yr ateb hwn i'w wella a chael chwech allan o chwech.

Ymatebion estynedig: Cyfiawnhewch

Wrth ateb cwestiwn 'Cyfiawnhewch', mae angen i chi ddefnyddio tystiolaeth sydd yn y cwestiwn yn ogystal â'ch gwybodaeth wyddonol eich hun i gyfiawnhau pam mae rhywbeth wedi cael ei wneud neu gasgliad wedi cael ei ffurfio. Yr hyn sy'n allweddol o ran llwyddo mewn cwestiwn 'Cyfiawnhewch' yw defnyddio'r holl wybodaeth sydd wedi'i rhoi yn y cwestiwn yn llawn.

A Sylwadau ar atebion

1 Mae'r tabl isod yn rhoi manylion am strategaethau i drin y frech goch. Cyfiawnhewch y strategaethau triniaeth hyn. [6]

Brechu	Brechu pob plentyn ifanc rhag y frech goch.
Triniaeth	Ni ddylai gwrthfiotigau gael eu defnyddio i drin y frech goch. Dylai cleifion gael digonedd o hylifau a dylen nhw orffwys. Dylai cleifion sy'n dioddef o'r frech goch gael eu cadw draw o fannau cyhoeddus.

Ateb myfyriwr

Mae brechu yn bwysig iawn oherwydd ei fod yn atal pobl rhag dal y frech goch, clefyd niweidiol iawn. Ni ddylai gwrthfiotigau gael eu defnyddio oherwydd firws yw'r frech goch ac nid yw'n bosibl defnyddio gwrthfiotigau i drin clefyd firol. Mae hylifau a gorffwys yn driniaeth well na gwrthfiotigau ar gyfer y frech goch, a dyna'r driniaeth orau. Dylai cleifion sy'n dioddef o'r frech goch gael eu cadw draw o fannau cyhoeddus gan fod y frech goch yn lledaenu'n hawdd iawn, a bydd cadw pobl gartref yn lleihau'r lledaeniad.

Mae hwn yn ateb lefel 2 a byddai'n debygol o gael tri marc.

Mae angen llawer mwy o fanylder wrth ddisgrifio sut caiff y brechiad ei ddefnyddio.

Byddai modd rhoi mwy o fanylion am sut mae'r frech goch yn niweidiol, er enghraifft mae'n gallu achosi marwolaeth, sut mae'r frech goch yn lledaenu, yn ogystal â'r cysylltiad rhwng y syniadau hyn a phwysigrwydd cadw dioddefwyr draw o fannau cyhoeddus.

Mae'r myfyriwr yn rhoi cyfiawnhad da ar gyfer pam na ddylai gwrthfiotigau gael eu defnyddio i drin y frech goch.

B Asesu ateb myfyriwr

2 Mae cyffur newydd a allai gael ei ddefnyddio i drin strôc wedi cael ei ddarganfod yn ddiweddar. Mae gwyddonwyr yn cynllunio treial clinigol i brofi'r cyffur:

- Cynnal profion rhag-glinigol yn y labordy gan ddefnyddio anifeiliaid byw.
- Yna, cynnal treialon clinigol dwbl-ddall gan ddefnyddio plasebo. Bydd y treial cyntaf yn defnyddio dosiau isel o'r cyffur. Bydd y cam nesaf yn defnyddio amrywiaeth o wahanol ddosiau.

Cyfiawnhewch bob cam yn y cynllun i brofi'r cyffur. [6]

Ateb myfyriwr

Pwrpas profion rhag-glinigol yn y labordy gan ddefnyddio anifeiliaid byw yw i weld a yw'r cyffur yn ddiogel ac yn gweithio – mae hyn yn profi gwenwyndra ac effeithiolrwydd y cyffur. Pwrpas y treialon clinigol cyntaf sy'n defnyddio dos isel yw i wneud yn siŵr bod y cyffur yn ddiogel i fodau dynol ei ddefnyddio a'i fod yn effeithiol. Pwrpas y treial nesaf sy'n defnyddio amrywiaeth o ddosiau yw i brofi pa ddos sy'n effeithiol. Mae treial dwbl-ddall yn cael ei ddefnyddio fel na fydd y claf na'r gwyddonwyr yn gwybod a yw'r claf penodol yn cael y cyffur neu'r plasebo. Mae hyn yn lleihau'r siawns y bydd tuedd yn effeithio ar y canlyniadau.

SUT I ATEB GEIRIAU GORCHYMYN GWAHANOL

Defnyddiwch y cynllun marcio a'r cynnwys dangosol isod i roi lefel a marc i'r ateb hwn.

Cynllun marcio

Lefel	Disgrifiad	Marc
Lefel 3	Ateb clir, strwythuredig a rhesymegol, a'r deunydd i gyd yn berthnasol. Mae'r ateb yn cyfiawnhau pwysigrwydd pob un o gamau'r treial gan ddefnyddio tystiolaeth.	5–6
Lefel 2	Ateb rhesymol glir a rhesymegol â rhywfaint o strwythur, a'r rhan fwyaf o'r deunydd yn berthnasol. Mae'n rhoi cyfiawnhad cywir ar gyfer y rhan fwyaf o gamau'r treial, ond yn hepgor ambell beth neu'n gwneud ambell sylw anghywir.	3–4
Lefel 1	Prinder pwyntiau perthnasol, diffyg strwythur clir neu resymu rhesymegol. Mae'r cyfiawnhad i'r treial yn yr ateb yn gyfyngedig, ac mae'n hepgor pethau pwysig neu'n gwneud camgymeriadau mawr.	1–2
Lefel 0	Dim cynnwys perthnasol.	0

Cynnwys dangosol:
- Profi effeithiolrwydd y cyffur a'i wenwyndra yn achos anifeiliaid byw.
- Pwrpas y treialon clinigol cyntaf yw darganfod a yw'r cyffur yn ddiogel i fodau dynol ei ddefnyddio ac a yw'n driniaeth effeithiol.
- Caiff y treial clinigol nesaf ei gynnal i ddarganfod dos effeithiol y cyffur.
- Mae treialon dwbl-ddall – lle nad yw'r claf na'r ymchwilydd yn gwybod a yw'r claf wedi cymryd y cyffur neu'r plasebo – yn lleihau'r risg y gallai tuedd effeithio ar ganlyniadau'r treial.

Byddwn i'n rhoi lefel .... a .... marc i'r ateb hwn. Mae hyn oherwydd ...

....
....
....

C Gwella'r ateb

3 Mae ffermwr yn awyddus i gynyddu cynnyrch y cnydau sy'n tyfu yn ei dŷ gwydr. Mae'r graff isod yn dangos effaith arddwysedd golau ar gyfradd ffotosynthesis. Mae'r ffermwr yn penderfynu cynyddu'r tymheredd yn y tŷ gwydr, yn ogystal â chynyddu'r arddwysedd golau yn y tŷ gwydr.

Defnyddiwch y graff i gyfiawnhau penderfyniad y ffermwr. [6]

Ateb myfyriwr

Mae cynyddu arddwysedd golau'n cynyddu cyfradd ffotosynthesis. Drwy gynyddu'r arddwysedd golau yn y tŷ gwydr, bydd y ffermwr yn achosi i'r cnydau gynhyrchu mwy o ffotosynthesis, felly byddan nhw'n tyfu mwy a bydd y ffermwr yn cynyddu eu cynnyrch. Mae tymheredd hefyd yn effeithio ar gyfradd ffotosynthesis, felly bydd y ffermwr hefyd yn cynyddu'r cynnyrch drwy gynyddu'r tymheredd.

Ailysgrifennwch yr ateb hwn i'w wella a chael chwech allan o chwech.

Ymatebion estynedig: Gwerthuswch

Wrth ateb cwestiwn 'Gwerthuswch', dylech chi ddefnyddio eich gwybodaeth fiolegol i ystyried y dystiolaeth yn y gosodiad sydd wedi'i roi yn y cwestiwn. Dylech chi ffurfio casgliad am y gosodiad – fel arfer, bydd hyn yn cynnwys dweud a yw casgliad yn gywir neu a yw defnyddio proses benodol yn ddilys.

A Sylwadau ar atebion

1 Mae clefyd ffwngaidd mewn planhigyn yn cael ei weld yn dechrau yn y dail isaf ac yn symud i fyny i'r dail sy'n uwch yn y planhigyn. Nid yw'n cael ei weld yn symud i'r dail sy'n is na'r pwynt lle mae'r ffwng yn cael ei gyflwyno. Mae gwyddonydd yn ffurfio'r casgliad bod y dystiolaeth hon yn awgrymu bod y clefyd ffwngaidd yn cael ei gludo yn y ffloem yn hytrach nag yn y sylem.

Gwerthuswch a yw'r casgliad hwn yn defnyddio'r dystiolaeth sydd ar gael yn gywir. [6]

Ateb myfyriwr

Mae'n disgrifio swyddogaethau'r sylem a'r ffloem yn gywir.

Mae'r myfyriwr yn ffurfio'r casgliad cywir bod y gwyddonydd yn anghywir, ond nid yw'n esbonio hyn yn dda.

Er bod y casgliad yn gywir, dylai'r ateb sôn am y wybodaeth am gyfeiriad teithio'r clefyd ffwngaidd, fel mae'r cwestiwn yn ei nodi.

==Mae'r sylem yn cludo mwynau, ïonau a dŵr i fyny'r planhigyn.== Mae sylem yn cynnwys tiwbiau sy'n cynnwys lignin. Mae dŵr yn symud i fyny oherwydd y llif trydarthol. ==Mae ffloem yn cludo siwgrau sy'n cael eu gwneud mewn ffotosynthesis== o'r dail i weddill y planhigyn. Enw'r broses hon yw trawsleoliad. Mae'r dystiolaeth sydd wedi'i rhoi yn y cwestiwn yn ==awgrymu bod y gwyddonydd yn anghywir==, ac nad yw'r clefyd ffwngaidd yn symud drwy gyfrwng trawsleoliad.

Nid yw'r ateb wir yn ateb y cwestiwn. Dim ond disgrifiad o sylem a ffloem yw'r rhan fwyaf o'r ateb, ac mae'n sôn yn fyr am y clefyd ffwngaidd ar y diwedd.

Mae hwn yn ateb lefel 1 a byddai'n debygol o gael dau farc.

B Asesu ateb myfyriwr

2 Mae dyfais newydd wedi cael ei datblygu i drin diabetes. Mae celloedd bonyn, sy'n cynhyrchu inswlin, yn cael eu rhoi ar sglodyn sy'n cael ei fewnblannu yng nghorff claf. Caiff inswlin ei ryddhau pan fydd gormod o siwgr yn y gwaed yn y corff. Mae'r ddyfais yn aros am dreial clinigol ar hyn o bryd.

Gwerthuswch pa mor effeithiol yw'r ddyfais hon wrth drin y gwahanol fathau o ddiabetes, ac esboniwch bwysigrwydd cynnal treialon clinigol. [6]

Ateb myfyriwr

Gallai'r ddyfais fod yn ddefnyddiol wrth drin diabetes. Mae diabetes yn golygu na fydd y pancreas yn cynhyrchu inswlin bellach, sy'n arwain at lefelau rhy uchel o grynodiad glwcos yn y gwaed. Bydd y mewnblaniad yn rhyddhau inswlin, a bydd hwn yn achosi i'r pancreas drawsnewid y glwcos yn glycogen. Bydd hyn yn achosi i grynodiad glwcos yn y gwaed ostwng i lefelau normal. Gallai'r driniaeth hon fod yn arbennig o ddefnyddiol i bobl ordew sy'n fwy tebygol o ddioddef diabetes.

Mewn treialon clinigol, caiff y driniaeth ei threialu ar gleifion. Mae hyn yn bwysig i brofi a yw'r driniaeth yn ddiogel. Ar gyfer triniaeth fel hon, byddai'n bwysig profi i weld a yw system imiwnedd y corff yn ymosod ar y mewnblaniad. Maen nhw hefyd yn profi effeithiolrwydd – mae hyn yn golygu profi i weld pa mor effeithiol yw'r driniaeth. Yna, gall canlyniadau'r treialon hyn gael eu cyhoeddi fel bod y data'n cael eu hadolygu gan gymheiriaid.

Defnyddiwch y cynllun marcio a'r cynnwys dangosol isod i roi lefel a marc i'r ateb hwn.

SUT I ATEB GEIRIAU GORCHYMYN GWAHANOL

Cynllun marcio

Lefel	Disgrifiad	Marc
Lefel 3	Ateb clir, strwythuredig a rhesymegol, a'r deunydd i gyd yn berthnasol. Mae'r myfyriwr yn amlinellu'n glir pa mor effeithiol yw'r ddyfais wrth drin y ddau wahanol fath o ddiabetes, ac yn rhoi manylion clir ynglŷn â phwysigrwydd treial clinigol.	5–6
Lefel 2	Ateb rhesymol glir a rhesymegol â rhywfaint o strwythur, a'r rhan fwyaf o'r deunydd yn berthnasol. Mae'r myfyriwr yn amlinellu sut mae'r ddyfais yn gallu trin diabetes ond yn methu esbonio'n llawn pa mor addas yw hi i drin y ddau fath o ddiabetes. Mae'n gwneud rhai sylwadau am bwysigrwydd treialon clinigol, ond yn hepgor rhai manylion pwysig.	3–4
Lefel 1	Prinder pwyntiau perthnasol, diffyg strwythur clir neu resymu rhesymegol. Mae'r myfyriwr yn rhoi esboniad cyfyngedig o effeithiolrwydd y ddyfais wrth drin diabetes, ac esboniad cyfyngedig o bwysigrwydd treialon clinigol.	1–2
Lefel 0	Dim cynnwys perthnasol.	0

Cynnwys dangosol:
- Gallai'r driniaeth fod yn effeithiol i gleifion â diabetes math 1, oherwydd nad yw'r bobl hyn yn cynhyrchu inswlin.
- Fyddai'r driniaeth ddim yn effeithiol i gleifion â diabetes math 2, gan fod y bobl hyn yn cynhyrchu inswlin ond dydy eu celloedd ddim bellach yn ymateb iddo.
- Pan aiff crynodiad glwcos yn rhy uchel yng ngwaed y claf, bydd y sglodyn yn rhyddhau inswlin.
- Bydd hyn yn lleihau crynodiad glwcos y gwaed, ac yn dod ag ef yn ôl i lefelau normal.
- Byddai'r driniaeth hon yn golygu na fyddai angen pigiadau inswlin.
- Mae treialon clinigol yn bwysig i ddarganfod a yw'r driniaeth yn ddiogel, neu a oes unrhyw sgil effeithiau.
- Gallwn ni hefyd ddefnyddio treialon i ddarganfod y dos optimwm, a phrofi effeithiolrwydd y driniaeth.
- Gallwn ni ddefnyddio treialon dwbl-ddall gyda phlasebo fel nad oes neb yn gwybod pa gleifion sy'n cael y driniaeth a pha rai sy'n cael y plasebo.
- Gall data'r treial gael eu hadolygu gan gymheiriaid i ddarganfod a yw'r casgliadau sy'n cael eu ffurfio o'r treial yn gywir.

Byddwn i'n rhoi lefel .... a .... marc i'r ateb hwn. Mae hyn oherwydd ...

....
....
....

C Gwella'r ateb

3 Mae clorosis yn gyflwr mewn planhigion sy'n gallu cael ei achosi gan ddiffyg cloroffyl a phroteinau. Mae garddwr yn gweld bod niferoedd mawr o'i blanhigion yn dioddef o'r cyflwr hwn. Mae'n trin y planhigion drwy ychwanegu gwrtaith nitrad.

Gwerthuswch pa mor addas yw'r driniaeth hon i'r planhigion. [6]

Ateb myfyriwr

Dylai hyn fod yn driniaeth addas i'r planhigion oherwydd diffyg proteinau sy'n achosi'r cyflwr, ac mae planhigion yn defnyddio nitradau i syntheseiddio proteinau. Drwy ychwanegu nitradau at y pridd, bydd y planhigion yn gallu derbyn y rhain a'u defnyddio nhw i syntheseiddio proteinau.

Ailysgrifennwch yr ateb hwn i'w wella a chael chwech allan o chwech.

Dylai'r canllawiau a'r gweithgareddau yn yr adran Llythrennedd hon fod wedi eich helpu chi i ddod i ddeall yr hyn mae angen i chi ei wneud er mwyn ateb cwestiynau ymateb estynedig yn dda. Cofiwch, cewch chi fwy o gyfleoedd i ymarfer yr hyn rydych chi wedi'i ddysgu yma drwy ddefnyddio'r papurau enghreifftiol sydd wedi'u darparu (gweler tudalen 98 ac ar y we).

3 Gweithio'n wyddonol

Mae gweithio'n wyddonol yn faes sydd wedi'i gynnwys fel rhan ofynnol o TGAU Bioleg, ond fydd yr arholiad byth yn gofyn cwestiynau penodol sydd â label 'gweithio'n wyddonol'. Sgìl a ffordd o feddwl yw gallu gweithio'n wyddonol – hynny yw, meddwl fel gwyddonydd. Mae'n gallu bod yn anodd meddwl fel hyn, ond ar ôl i chi ddechrau, bydd yn sgìl anhygoel o ddefnyddiol ar gyfer TGAU ac os ydych chi'n parhau â Bioleg at Safon Uwch a thu hwnt.

Bydd y rhan fwyaf o'r sgiliau gweithio'n wyddonol yn cael sylw wrth i chi weithio drwy eich cwrs. Pwrpas yr adran hon yw i'ch gwneud chi'n ymwybodol o'r sgiliau hyn, er mwyn i chi allu gweld lle maen nhw'n codi yn eich astudiaethau, a defnyddio'r cyfleoedd hyn i ddatblygu eich meddwl.

Mae gweithio'n wyddonol yn cynnwys llawer o wahanol sgiliau, sy'n perthyn i'r meysydd bras canlynol:

1 datblygu meddwl gwyddonol
2 sgiliau a strategaethau arbrofol
3 dadansoddi a gwerthuso
4 geirfa, unedau, symbolau a dull enwi.

Bydd yr adran hon yn ymdrin â'r tri maes cyntaf, gan fod geirfa, unedau, symbolau a dull enwi'n cael sylw yn adrannau Mathemateg a Llythrennedd y llyfr hwn (gweler tudalen 5 a thudalen 45, yn ôl eu trefn).

» Cyfarpar a thechnegau

Wrth weithio'n wyddonol, mae angen i chi ddangos eich bod yn gallu defnyddio amrywiaeth o gyfarpar a thechnegau. Dyma rai enghreifftiau.

Defnyddio cyfarpar priodol i wneud a chofnodi amrediad o fesuriadau yn fanwl gywir, gan gynnwys hyd, arwynebedd, màs, amser, tymheredd, cyfaint hylifau a nwyon, a pH.
Defnyddio dyfeisiau a thechnegau gwresogi priodol yn ddiogel, gan gynnwys defnyddio llosgydd Bunsen a baddon dŵr neu wresogydd trydanol.
Defnyddio cyfarpar a thechnegau priodol i arsylwi a mesur newidiadau a/neu brosesau biolegol.
Defnyddio organebau byw (planhigion neu anifeiliaid) mewn modd diogel a moesegol i fesur gweithrediadau ffisiolegol ac ymatebion i'r amgylchedd.
Mesur cyfraddau adwaith gan ddefnyddio amrywiaeth o ddulliau, gan gynnwys cynhyrchu nwy, mewnlifiad dŵr a newid lliw dangosydd.
Cymhwyso technegau samplu priodol i ymchwilio i ddosbarthiad a thoreithrwydd organebau mewn ecosystem drwy eu defnyddio nhw'n uniongyrchol yn y maes.
Defnyddio cyfarpar, technegau a chwyddhad priodol – gan gynnwys microsgopau – i arsylwi sbesimenau biolegol a chynhyrchu lluniadau gwyddonol wedi'u labelu.
(gwyddorau sengl yn unig) – Defnyddio technegau priodol ac adweithyddion ansoddol i adnabod moleciwlau a phrosesau biolegol mewn cyd-destunau mwy cymhleth a chyd-destunau datrys problemau, gan gynnwys samplu parhaus mewn ymchwiliad.

DATBLYGU MEDDWL GWYDDONOL

Dyma rai enghreifftiau o sut gallai'r sgiliau hyn fod yn berthnasol i'ch dysgu:

- Cofnodi hyd ac arwynebedd wrth luniadu a labelu celloedd, ac wrth wneud gwaith samplu ecolegol.
- Cofnodi mannau clir sy'n cael eu cynhyrchu gan wrthfiotigau neu antiseptigion ar feithriniadau bacteria.
- Cofnodi màs ac amser wrth ymchwilio i osmosis ym meinweoedd planhigyn.
- Cofnodi cyfeintiau, amser, pH a thymheredd wrth ymchwilio i ensymau a chyfraddau pydru.
- Cofnodi hyd ac amser wrth ymchwilio i ffactorau sy'n effeithio ar dwf planhigion.
- Cofnodi cyfradd cynhyrchu ocsigen wrth ymchwilio i ffotosynthesis.

- Defnyddio llosgydd Bunsen a dŵr berw yn ddiogel wrth brofi am siwgrau anrydwythol.
- Defnyddio baddon dŵr yn ddiogel i reoli tymheredd mewn ymchwiliadau i ensymau a ffotosynthesis.

- Defnyddio trawsluniau a chwadradau i wneud gwaith samplu ecolegol.
- Dewis cyfarpar priodol i fesur amseroedd adweithio, twf bacteria, osmosis, cyfradd ffotosynthesis neu dwf planhigion.

- Gwneud gwaith samplu ecolegol yn ddiogel ac yn foesegol.
- Mesur ymatebion planhigion i wahanol ffactorau amgylcheddol yn ddiogel ac yn foesegol.
- Mesur ymatebion bacteria i wrthfiotigau ac antiseptigion yn ddiogel ac yn foesegol.
- Cynnal ymchwiliadau i amseroedd adweithio yn ddiogel ac yn foesegol.

- Mesur cyfradd mewnlifiad dŵr mewn ymchwiliad osmosis.
- Mesur cyfradd adwaith ensym gan ddefnyddio newid lliw dangosydd.
- Mesur cyfradd cynhyrchu ocsigen mewn ymchwiliad ffotosynthesis.

- Ymchwilio i doreithrwydd a dosbarthiad organebau gan ddefnyddio trawsluniau a chwadradau.

- Gwneud arsylwadau a chynhyrchu lluniadau gwyddonol wedi'u labelu wrth ymchwilio i dwf planhigion ac wrth ddefnyddio microsgop golau.

- Defnyddio adweithyddion ansoddol mewn profion am garbohydradau, proteinau a lipidau.

» Datblygu meddwl gwyddonol

Mae'r adran hon yn rhoi sylw i sut mae meddwl gwyddonol yn datblygu, gan gynnwys sut mae damcaniaethau'n esblygu dros amser, defnyddio gwahanol fodelau fel ffordd o ddeall cysyniadau a'r materion moesegol sy'n gysylltiedig ag ymchwil a dulliau gwyddonol. Mae hefyd yn rhoi sylw i bwysigrwydd adolygu gan gymheiriaid a chyfathrebu am syniadau gwyddonol.

Sut mae damcaniaethau'n datblygu dros amser

Y **dull gwyddonol** yw'r broses o ffurfio **rhagdybiaeth** ac yna ei phrofi hi drwy gynnal ymchwiliadau. Yn dilyn hynny, mae modd defnyddio canlyniadau'r ymchwiliadau hyn i wirio'r rhagdybiaeth, naill ai ei gwrthod neu ei gwella hi. Mae modd defnyddio rhagdybiaethau llwyddiannus i ddatblygu damcaniaethau sy'n esbonio **ffenomenau** naturiol.

> **Termau allweddol**
>
> **Dull gwyddonol:** Ffurfio, profi ac addasu rhagdybiaethau drwy arsylwi, mesur ac arbrofi mewn modd systematig.
>
> **Rhagdybiaeth:** Esboniad sy'n cael ei gynnig ar gyfer ffenomen; mae rhagdybiaeth yn cael ei defnyddio fel man cychwyn ar gyfer profion pellach.
>
> **Ffenomen:** Arsylwad sy'n gwneud i chi ofyn cwestiynau. Ffurf luosog ffenomen yw ffenomenau.

Efallai y bydd cwestiwn yn gofyn i chi am enghreifftiau o sut mae dulliau a damcaniaethau gwyddonol penodol wedi datblygu dros amser. Gallai hyn gynnwys sut mae data newydd o arbrofion neu arsylwadau wedi arwain at y datblygiadau hyn. Mae'n bosibl hefyd y bydd y cwestiwn yn cyflwyno data i chi, ac yn gofyn a yw'r data hynny'n ategu damcaniaeth benodol.

Un enghraifft allweddol o ddatblygiad damcaniaeth mewn bioleg yw damcaniaeth esblygiad dros amser, sydd wedi'i hamlinellu isod:

Defnyddiodd Charles Darwin ei arsylwadau ei hun, arbrofion a gwybodaeth newydd am ddaeareg a ffosiliau i ddatblygu ei ddamcaniaeth esblygiad. Roedd damcaniaeth Darwin yn ddadleuol dros ben, a dim ond wrth i dystiolaeth newydd ddod i'r golwg – gan gynnwys mecanweithiau etifeddiad – y cafodd hi ei derbyn yn gyffredinol. Helpodd y dystiolaeth i wrthbrofi damcaniaethau eraill gan wyddonwyr eraill fel Jean-Baptiste Lamarck, a oedd yn credu y byddai newidiadau yn ystod oes un organeb yn gallu cael eu hetifeddu gan ei hepil. Mae darganfyddiadau newydd, er enghraifft ym maes epigeneteg, yn golygu y bydd ein dealltwriaeth o esblygiad yn parhau i ddatblygu.

Defnyddio modelau biolegol

Mae amrywiaeth enfawr o fodelau'n cael eu defnyddio ym maes bioleg i'n helpu ni i esbonio a deall gwahanol gysyniadau. Gallwn ni rannu'r modelau hyn yn bedwar categori:

1 Cynrychiadol – mae'r modelau hyn yn defnyddio siâp neu gydweddiad i ddisgrifio rhywbeth penodol. Er enghraifft, model o adeiledd moleciwl DNA.
2 Mathemategol – mae'r modelau hyn yn defnyddio data a chyfrifiadau i ragfynegi pethau. Er enghraifft, defnyddio hafaliadau i fodelu twf bacteria.
3 Disgrifiadol – mae'r modelau hyn yn disgrifio nodweddion system a sut maen nhw'n rhyngweithio. Er enghraifft, disgrifiad o'r gylchred garbon.
4 Cyfrifiannol – modelau mathemategol sy'n cael eu rhedeg ar gyfrifiadur. Er enghraifft, gallai model cyfrifiadurol gael ei ddefnyddio i ddangos lledaeniad clefyd heintus mewn poblogaeth.

Mae modelau sy'n dangos sut mae systemau organau, fel y system cylchrediad gwaed neu'r system resbiradol, yn gweithio yn cael eu defnyddio'n aml ar gyfer TGAU Bioleg. Efallai mai'r symlaf o'r rhain yw clochen i fodelu newidiadau gwasgedd a chyfaint yn yr ysgyfaint.

> **Cyngor**
>
> Efallai y bydd cwestiwn yn gofyn i chi beth yw cyfyngiadau model penodol. Mae gan bob model rai cyfyngiadau; does dim un yn cynrychioli realiti'n berffaith. Er mwyn i fodel fod yn llwyddiannus, mae angen iddo fod yn ddigon cynrychiadol heb fod yn rhy gymhleth.

Deall cyfyngiadau gwyddoniaeth a materion moesegol

Mae gwyddoniaeth yn arf anhygoel o bwerus i'n helpu ni i ddeall ein byd a hefyd i wella bywydau pobl. Fodd bynnag, dim ond arf ydyw, sy'n golygu bod iddo gyfyngiadau – rhai sy'n cael eu gosod gan y byd naturiol a'r hyn sy'n realistig i'w gyflawni, a hefyd cyfyngiadau rydyn ni'n eu gosod ein hunain. Yn aml, byddwn ni'n hunain yn gosod cyfyngiadau oherwydd pryderon moesegol. Mae angen i ni werthuso'n gyson sut rydyn ni'n defnyddio gwyddoniaeth a phenderfynu a yw darn penodol o ymchwil gwyddonol yn beth 'iawn' i'w wneud.

Mae **materion moesegol** yn berthnasol i lawer o wahanol feysydd bioleg. Er enghraifft, mae un penderfyniad moesegol allweddol yn ymwneud â defnyddio organebau byw mewn ymchwiliadau. Efallai y bydd cwestiynau arholiad yn gofyn i chi feddwl am y materion moesegol sy'n codi o ddarn penodol o ymchwil sy'n cynnwys lladd yr anifail. Wrth ateb y mathau hyn o gwestiynau, gallech chi drafod syniadau am 'hawl i fyw' yr organeb a chydbwyso hyn â manteision posibl yr ymchwil.

Mae materion moesegol eraill hefyd yn codi ym maes bioleg wrth ystyried clonio, IVF neu ddefnyddio celloedd bonyn. Mae'r materion hyn yn ymwneud â syniadau am hawliau embryo – mae rhai pobl yn credu bod gan embryo hawl i fyw, ond mae pobl eraill yn credu nad yw embryo cynnar wir yn fyw gan na fyddai'n gallu goroesi y tu allan i'w fam, ac felly bod manteision ei ddefnyddio'n gryfach na'r materion moesegol yn erbyn ei ddefnyddio.

> **Term allweddol**
>
> **Materion moesegol:** Materion lle mae angen dewis rhwng gwahanol opsiynau sy'n cael eu gweld yn dda (moesegol) neu'n ddrwg (anfoesegol) o safbwynt moesol.

Deall sut mae gwyddoniaeth yn cael ei chymhwyso bob dydd ac yn dechnolegol

Gallwch chi weld effaith gwyddoniaeth o'ch cwmpas chi bob dydd a lle bynnag rydych chi'n edrych. Yn yr arholiad, efallai y bydd gofyn i chi ddisgrifio enghreifftiau o gymhwyso gwyddoniaeth yn dechnolegol o fewn y fanyleb Bioleg.

Gallai rhai o'r cymwysiadau enghreifftiol yn eich manyleb gynnwys:

- trin clefyd coronaidd y galon a methiant y galon, sef defnyddio stentiau i gadw'r rhydwelïau coronaidd ar agor, a statinau i ostwng lefelau colesterol y gwaed
- brechiadau i leihau lledaeniad pathogenau, a phwysigrwydd imiwneiddio cyfran fawr o'r boblogaeth
- canfod, adnabod a thrin clefydau mewn planhigion fel firws dail brith tybaco a'r smotyn du
- goblygiadau amgylcheddol datgoedwigo, cynhesu byd-eang a cholli cynefinoedd sy'n arwain at leihau bioamrywiaeth
- technegau pysgota, a sut maen nhw'n gallu helpu i adfer stociau pysgod drwy reoli maint rhwyd a chyflwyno cwotâu pysgota.

Efallai y bydd cwestiynau arholiad am y maes hwn yn gofyn i chi werthuso dulliau mae modd eu defnyddio i fynd i'r afael â'r materion sy'n cael eu disgrifio yn y cwestiwn.

> **Cyngor**
> Mae manylion am sut i ateb cwestiynau 'Gwerthuswch' ar dudalen 56.

Gwerthuso risgiau mewn gwyddoniaeth

Pan fydd gwyddonwyr yn gwneud gwaith ymarferol, byddan nhw'n asesu risgiau posibl ac yn cwblhau pob ymchwiliad ymarferol yn ddiogel. Ar lefel TGAU, dylech chi fod yn cynnal asesiadau risg wrth wneud tasgau ymarferol, ond gallai cwestiwn arholiad hefyd ofyn i chi adnabod peryglon.

I gwblhau asesiad risg yn llwyddiannus, mae angen i chi wneud y canlynol:

- nodi'r perygl a'r risg
- penderfynu pa mor debygol yw hi y bydd y digwyddiad yn digwydd
- awgrymu ffyrdd o leihau'r risg o niwed posibl.

Dyma enghraifft o asesiad risg ar gyfer y prawf am siwgr anrydwythol:

Tabl 3.1 Asesiad risg

Perygl	Risg a phryd gallai ddigwydd	Sut i leihau'r risg
Mae hydoddiant Benedict yn llidus.	Mae risg y gallai hydoddiant Benedict ddod i gysylltiad â'r croen neu'r llygaid wrth i chi ei arllwys i'r silindr mesur.	Gwisgo sbectol ddiogelwch i atal hydoddiant Benedict rhag mynd i'r llygaid. Os yw hydoddiant Benedict yn dod i gysylltiad â'r croen, golchi'r croen ar unwaith.

Wrth nodi dulliau o leihau risg, dylech sicrhau eich bod chi'n benodol a'ch bod yn lleihau risgiau'r dasg ymarferol dan sylw. Gwnewch yn siŵr eich bod chi'n osgoi datganiadau cyffredinol fel 'gweithio'n ddiogel'.

Pwysigrwydd adolygu gan gymheiriaid

Yn aml, caiff ymchwil gwyddonol newydd ei gyhoeddi mewn cylchgronau gwyddonol. Cyn ei gyhoeddi, caiff ei adolygu gan gymheiriaid. Mae adolygu gan gymheiriaid yn broses lle bydd gwyddonwyr eraill yn gwirio (ac yn dilysu) ymchwil gwyddonol. Fel arfer, bydd papur yn amlinellu beth roedd y gwyddonwyr yn gobeithio ei gyflawni, eu dulliau, eu canlyniadau a'u casgliadau. Yna, bydd cymheiriaid, sy'n arbenigwyr annibynnol, yn adolygu'r papur hwn i sicrhau bod yr ymchwil wedi cael ei wneud yn gywir, bod y canlyniadau'n rhesymegol a'u bod nhw'n cytuno ag unrhyw gasgliadau.

Mae'r broses hon yn sicrhau bod darn o ymchwil yn ddilys a'i fod hefyd yn hanfodol i ddatblygiad gwybodaeth wyddonol. Mae'n golygu bod yr ymchwil yn cael ei gydnabod gan eraill a'i fod wedi nodi honiadau anghywir.

> **Term allweddol**
> **Adolygu gan gymheiriaid:** Y broses lle mae arbenigwyr yn yr un maes astudio yn gwerthuso canfyddiadau gwyddonydd arall cyn ystyried eu cynnwys mewn cyhoeddiad gwyddonol.

Fel arfer, dydy cynrychioliadau'r cyfryngau o wyddoniaeth ddim wedi'u hadolygu gan gymheiriaid. Gall hyn arwain at gyflwyno safbwynt anghywir neu un â thuedd, ac at broblemau difrifol. Er enghraifft, oherwydd adroddiadau anghywir yn y cyfryngau bod cysylltiad rhwng y brechlyn MMR ac awtistiaeth, defnyddiodd llai o bobl y brechlyn a'r canlyniad oedd cynnydd mewn achosion o'r frech goch.

Cwestiynau

1. Beth yw'r dull gwyddonol?
2. Esboniwch sut mae damcaniaeth esblygiad wedi datblygu dros amser.
3. Pam mae modelau'n bwysig ym maes bioleg?
4. Rhowch ddwy enghraifft o ddefnyddio modelau ym maes bioleg.
5. Sut mae cymhwysiad technegol bioleg yn helpu i leihau effaith gorbysgota?
6. Yn ystod IVF, caiff rhai embryonau eu dinistrio. Esboniwch pam gallai rhai pobl wrthwynebu IVF.
7. Ysgrifennwch asesiad risg ar gyfer ymchwiliad lle y prif berygl yw defnyddio asid hydroclorig.
8. Esboniwch sut mae'r broses adolygu gan gymheiriaid yn gallu canfod honiadau sy'n seiliedig ar ddata anghywir.
9. Beth yw manteision rhannu canlyniadau tasg ymarferol yn y dosbarth?

» Sgiliau a strategaethau arbrofol

Fel rydyn ni wedi'i weld yn barod, fel arfer bydd ymchwiliadau yn cael eu cynllunio i brofi rhagdybiaeth fel rhan o'r dull gwyddonol. Y dull yw cynnal yr ymchwiliad, casglu canlyniadau a gwerthuso'r rhagdybiaeth. Mae'r adran hon yn rhoi sylw i'r meysydd sy'n allweddol o ran cwblhau ymchwiliad llwyddiannus.

Datblygu rhagdybiaethau gwyddonol

Esboniad sy'n cael ei gynnig ar gyfer ffenomen yw rhagdybiaeth, ac rydyn ni'n ei defnyddio hi fel man cychwyn ar gyfer profion pellach. Er enghraifft, wrth ymchwilio i sut mae proteas yn gweithio, un rhagdybiaeth bosibl fyddai:

Mae cynyddu arwynebedd arwyneb sampl protein yn cynyddu cyfradd datodiad y protein gan y proteas.

Gallech chi brofi'r rhagdybiaeth hon drwy gynnal ymchwiliad sy'n mesur sut mae gwahanol arwynebedd arwyneb proteinau yn effeithio ar gyfradd eu datodiad gan broteas.

Cynllunio arbrofion i brofi rhagdybiaethau

Yn yr arholiad, efallai y bydd cwestiwn yn gofyn i chi gynllunio neu amlinellu gweithdrefn ymarferol i brofi rhagdybiaeth benodol. I wneud hyn, bydd angen i chi ddefnyddio eich gwybodaeth eich hun am y tasgau ymarferol rydych chi wedi'u cwblhau ac unrhyw wybodaeth sydd wedi'i rhoi yn y cwestiwn. Dylech chi hefyd allu esbonio pam mae'r dull rydych chi wedi'i ddewis yn addas i brofi'r rhagdybiaeth benodol honno, a gwybod pam mae angen cymryd pob cam.

Wrth gynllunio ymchwiliad ymarferol, mae angen i chi wneud yn siŵr mai dim ond un peth rydych chi'n ei newid ar y tro fel rhan o'ch profion. Os newidiwch chi fwy nag un peth ar unwaith, bydd hi'n amhosibl gwybod pa un o'r pethau rydych chi wedi'u newid sy'n achosi i'r canlyniadau fod yn wahanol, neu hyd yn

---

Cyngor

Mae proses adolygu gan gymheiriaid yn digwydd ar raddfa fach yn eich dosbarth – mae rhannu canlyniadau gwaith ymarferol gyda myfyrwyr eraill yn rhoi cyfle i chi weld a yw eich canlyniadau'n gyson, ac felly'n atgynyrchadwy (mae manylion am atgynyrchadwyedd ar dudalennau 68–69).

Cyngor

Yn yr arholiad, a hefyd mewn tasg ymarferol ofynnol, gallai'r cwestiwn roi data i chi a gofyn i chi awgrymu rhagdybiaeth i esbonio'r duedd sydd i'w gweld. Edrychwch yn ofalus ar y data, ystyriwch pa ran o'ch gwybodaeth wyddonol maen nhw'n ymwneud â hi a defnyddiwch y wybodaeth wyddonol honno i awgrymu'r rhagdybiaeth fwyaf tebygol

Cyngor

Cofiwch, ddylai eich rhagdybiaeth ddim bod yn rhy rhyfedd nac annisgwyl – gwnewch yn siŵr eich bod chi'n ysgrifennu rhywbeth sy'n gwneud synnwyr. Ar lefel TGAU, mae'r cwestiynau'n debygol o'ch arwain chi at ateb eithaf amlwg.

oed os yw'r ddau beth yn cael effaith. 'Newidynnau' yw'r pethau gallwch chi eu newid. Mae tri math gwahanol:

- **Newidyn annibynnol** – hwn yw'r newidyn sy'n cael ei newid gan yr unigolyn sy'n gwneud y dasg ymarferol.
- **Newidyn dibynnol** – hwn yw'r newidyn sy'n cael ei fesur yn ystod yr ymchwiliad. Rydyn ni'n meddwl bod y newidyn hwn yn cael ei newid gan (neu'n ddibynnol ar) newidiadau i'r newidyn annibynnol.
- **Newidynnau rheolydd** – newidynnau a allai effeithio ar y newidyn dibynnol. Mae angen cadw'r rhain yn gyson i sicrhau mai dim ond y newidyn annibynnol sy'n achosi unrhyw newidiadau i'r newidyn dibynnol.

Bydd gwybod pa ragdybiaeth rydych chi'n ei phrofi yn effeithio ar ba newidyn rydych chi'n penderfynu ei newid, pa un mae angen i chi ei fesur a pha rai mae angen i chi eu cadw yr un fath (er mwyn rheoli) i sicrhau prawf teg. Dyna pam bydd gwybod beth yw ystyr pob newidyn yn eich helpu chi i gynllunio arbrofion.

Er enghraifft, mewn ymchwiliad i asesu effaith pH ar gyfradd adwaith wedi'i gatalyddu gan ensym, byddai gennych chi'r newidynnau canlynol:

- newidyn annibynnol – pH yr hydoddiant (dyma'r ffactor rydych chi eisiau ymchwilio iddi)
- newidyn dibynnol – cyfradd yr adwaith (byddwch chi'n mesur hwn yn ystod yr ymchwiliad i weld a yw'r newidyn annibynnol – pH yr adwaith – yn effeithio arno a sut)
- newidynnau rheolydd – dylai pob newidyn arall a allai effeithio ar gyfradd adwaith wedi'i gatalyddu gan ensym gael ei reoli. Gallai'r rhain gynnwys tymheredd, crynodiad y swbstrad neu grynodiad yr ensym. Bydd hyn yn gwneud y prawf yn deg.

> **Cyngor**
>
> Efallai y bydd rhai tasgau ymarferol Bioleg yn cynnwys arbrawf cymharu i'ch helpu chi i weld effaith newid y newidyn annibynnol. Er enghraifft, mewn ymchwiliad i ensym, yn aml caiff ensym wedi'i ferwi a'i oeri ei ddefnyddio er mwyn cymharu ag ef. Mae'r arbrawf yn cael ei ailadrodd gan gadw'r newidynnau eraill i gyd yr un fath â'r prif ymchwiliad, ond dydy'r ymchwiliad cymharu ddim yn cynhyrchu canlyniadau gan fod yr ensym wedi'i ddadnatureiddio ac felly ddim yn gallu catalyddu'r adwaith.

Dewis technegau, cyfarpar a defnyddiau priodol

Wrth gwblhau arbrofion neu gwestiynau ymarferol, efallai y bydd angen i chi ddewis y dechneg, yr offeryn, y cyfarpar neu'r defnydd gorau ar gyfer pwrpas penodol. Dylech chi feddwl yn ofalus am eich dewis a bod yn barod i'w gyfiawnhau.

Dyma rai cwestiynau i'w hystyried wrth ddewis techneg:

- Fydd y dechneg hon yn casglu'r data sydd eu hangen ar gyfer yr ymchwiliad?
- Ydy'r dechneg yn ddigon trachywir?
- Ydy hi'n realistig defnyddio'r dechneg hon yn y cyd-destun hwn?

Cyngor

Mae'r mathau hyn o gwestiynau fel arfer yn cynnwys y geiriau gorchymyn 'Lluniwch' neu 'Cynlluniwch'. Mae mwy o fanylion am y geiriau gorchymyn hyn ar dudalennau 52–53.

Termau allweddol

Newidyn annibynnol: Y newidyn mae ymchwilydd yn penderfynu ei newid.

Newidyn dibynnol: Y newidyn sy'n cael ei fesur yn ystod ymchwiliad.

Newidynnau rheolydd: Y newidynnau, heblaw'r newidyn annibynnol, a fyddai'n gallu effeithio ar y newidyn dibynnol, ac sydd felly'n cael eu cadw'n gyson a heb eu newid.

Prawf teg: Prawf lle mae un newidyn annibynnol, un newidyn dibynnol, a phob newidyn arall yn cael ei reoli.

Cyngor

Efallai y bydd cwestiwn arholiad hefyd yn gofyn i chi enwi'r gwahanol fathau o newidyn.

Er enghraifft:

- Mewn ymchwiliadau sy'n ymwneud â ffotosynthesis mewn planhigion dyfrol, gallwn ni fesur cyfradd y nwy sy'n cael ei gynhyrchu drwy gyfrif y swigod sy'n cael eu cynhyrchu mewn amser penodol. Fodd bynnag, dydy hyn ddim yn ffordd drachywir o fesur cyfaint y nwy. Techneg well fyddai newid y cyfarpar a defnyddio chwistrell nwy i roi mesuriad cyfaint llawer mwy trachywir.
- Wrth fesur cyfeintiau bach iawn o hylif, byddai pibed wedi'i graddnodi neu chwistrell yn fwy priodol na defnyddio silindr mesur.
- Mae defnyddio cyfarpar cymhleth, fel dyfeisiau mesur laser neu ficrosgopau electronau, yn annhebygol o fod yn realistig yng nghyd-destun cwestiwn sy'n gofyn i chi gynllunio ymchwiliad i'w gynnal mewn labordy ysgol.

Mae'r tabl isod yn amlinellu rhai darnau cyffredin o gyfarpar gallech chi eu defnyddio ym maes bioleg.

Tabl 3.2 Cyfarpar cyffredin

Cyfarpar	Beth mae'r cyfarpar yn ei fesur
Silindr mesur / pibed ddiferu / chwistrell / pibed wedi'i graddnodi	Mesur cyfaint hylif Sylwch: Yn gyffredinol, pibed wedi'i graddnodi fyddai'r fwyaf trachywir o'r darnau hyn o gyfarpar, a'r bibed ddiferu fyddai'r leiaf trachywir.
Clorian	Mesur màs
Chwistrell nwy	Mesur cyfaint nwy
Potomedr	Mesur cyfradd mewnlifiad dŵr i blanhigyn

Cynnal arbrofion yn briodol ac yn gywir

Mae cynllunio'n bwysig er mwyn cynnal arbrofion yn briodol. Os nad ydych chi'n cynllunio arbrawf yn iawn, efallai na fydd y canlyniadau'n ddigon manwl gywir na thrachywir i ffurfio casgliadau rhesymegol. 'Cyfeiliornad methodoleg' yw hyn, ac mae'n wahanol i wneud y technegau arbrofol yn anghywir.

I sicrhau eich bod chi'n osgoi'r mathau hyn o gyfeiliornadau, mae angen i chi feddwl am broblemau posibl mewn arbrofion penodol. Er enghraifft:

- Os ydych chi'n defnyddio baddon dŵr â rheolydd thermostatig, gwnewch yn siŵr bod digon o amser i'r sampl yn y baddon dŵr gyrraedd yr un tymheredd â'r baddon dŵr. Yn aml, bydd myfyrwyr yn rhoi tiwbiau profi mewn baddon dŵr ac yn dechrau casglu canlyniadau ar unwaith. Mae hyn yn anghywir, oherwydd bydd yn cymryd amser i gynnwys y tiwb profi gyrraedd y tymheredd iawn.
- Wrth gynnal ymchwiliad sy'n cynnwys organebau byw, dylech chi adael i unrhyw organebau ymgyfarwyddo â'u hamgylchoedd cyn dechrau cymryd mesuriadau. Gallai organebau deimlo straen am eu bod nhw wedi cael eu symud neu eu rhoi mewn amgylchoedd newydd, a gallai hyn effeithio ar y newidyn rydych chi'n ceisio ei fesur.

Mae hefyd yn bwysig iawn sicrhau eich bod chi'n dewis cyfarpar sy'n ddigon manwl gywir i gasglu'r data gofynnol; er enghraifft, os yw'r gwahaniaethau màs rhwng dau sampl yn debygol o fod yn fach iawn, dylech chi sicrhau eich bod chi'n defnyddio clorian ddigon trachywir i fesur y newid bach hwn. Wrth ddewis eich cyfarpar, mae hi'n ddefnyddiol meddwl am y gwahaniaethau rhwng manwl gywirdeb, dibynadwyedd, trachywiredd a chydraniad.

> **Cyngor**
>
> Mae'n gallu bod yn eithaf hawdd cymysgu'r termau hyn, felly gwnewch yn siŵr eich bod chi'n glir am eu diffiniadau a'r gwahaniaethau rhyngddyn nhw.

SGILIAU A STRATEGAETHAU ARBROFOL

Manwl gywirdeb

Manwl gywirdeb yw pa mor agos ydyn ni at gyrraedd gwir werth mesuriad. Y ffordd orau o wella manwl gywirdeb yw defnyddio cyfarpar mesur mwy manwl gywir, er enghraifft, bydd pibed wedi'i graddnodi'n mesur cyfaint hydoddiant yn fwy manwl gywir na silindr mesur.

> **Term allweddol**
> Manwl gywirdeb: Pa mor agos ydyn ni at gyrraedd gwir werth mesuriad.

Cydraniad

Cydraniad yw pa mor fanwl gallwn ni ddarllen offeryn. Er enghraifft, efallai y bydd cydraniad thermomedr syml yn 1 °C, sy'n golygu ei fod yn gallu mesur i'r °C agosaf. Efallai y byddai cydraniad chwiliedydd tymheredd digidol yn 0.01 °C. Mae hyn yn golygu bod y chwiliedydd yn gallu mesur i'r 0.01 °C agosaf, felly mae ganddo gydraniad llawer uwch na'r thermomedr.

> **Term allweddol**
> Cydraniad: Pa mor fanwl gallwn ni ddarllen offeryn.

Trachywiredd

Mesuriadau trachywir yw rhai ag amrediad bach. Er enghraifft, mewn ymchwiliad i newid tymheredd, mae myfyriwr yn mesur y newid tymheredd ar un thermomedr sydd wedi'i labelu'n 'A' ac yn cael y canlyniadau canlynol: 3 °C, 7 °C a 6 °C. Amrediad y mesuriadau hyn yw 7 − 3 = 4 °C, a'r cymedr yw 5 °C.

Yna, mae'n cynnal yr un arbrawf yn union gan ddefnyddio thermomedr arall sydd wedi'i labelu'n 'B' ac yn cael y canlyniadau canlynol: 4 °C, 6 °C a 6 °C. Amrediad y mesuriadau hyn yw 6 − 4 = 2 °C, ond mae'r cymedr yn dal i fod yn 5 °C, fel thermomedr 'A'. Er bod gwerth cymedrig y ddau yr un fath, mae thermomedr 'B' yn fwy trachywir.

> **Term allweddol**
> Trachywiredd: Mesuriadau trachywir yw rhai ag amrediad bach.

Dibynadwyedd

Rydyn ni'n dweud bod prawf yn ddibynadwy os yw gwahanol wyddonwyr yn gallu ailadrodd yr un arbrawf a chael yr un canlyniadau yn gyson. Y dechneg i wella dibynadwyedd yw ailadrodd yr un prawf sawl gwaith.

> **Term allweddol**
> Dibynadwyedd: Pan fydd pobl wahanol yn ailadrodd yr un arbrawf ac yn cael yr un canlyniadau.

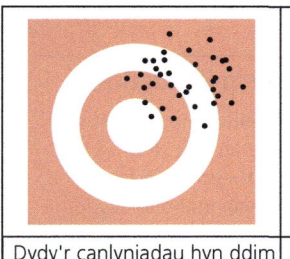 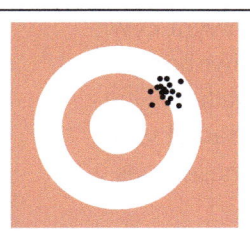 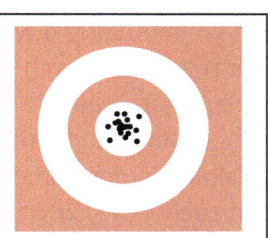

| Dydy'r canlyniadau hyn ddim yn fanwl gywir (maen nhw'n bell o lygad y tarw) nac yn drachywir (maen nhw'n bell oddi wrth ei gilydd). | Mae'r canlyniadau hyn yn drachywir (yn agos at ei gilydd), ond ddim yn fanwl gywir (maen nhw'n bell o lygad y tarw). | Mae'r canlyniadau hyn yn fanwl gywir ac yn drachywir. |

▲ Ffigur 3.1 Diagram yn dangos ystyr manwl gywirdeb a thrachywiredd

Technegau samplu

Wrth gasglu data sampl, mae'n bwysig sicrhau bod y data'n gynrychiadol. Mae hyn yn golygu bod data'r sampl sydd wedi'u casglu'n nodweddiadol o'r ardal gyffredinol sy'n cael ei samplu.

Mae'r sgil hwn yn arbennig o bwysig wrth wneud gwaith samplu ecolegol. Wrth ymchwilio i doreithrwydd planhigyn mewn cae, byddwch chi'n samplu darn bach o'r cae ac yna'n defnyddio canlyniadau eich sampl i amcangyfrif cyfanswm y toreithrwydd yn y cae. Felly, mae hi'n bwysig iawn bod y darn rydych chi'n ei samplu'n gynrychiadol o weddill y cae. Dylai'r dull posibl isod gynhyrchu canlyniadau cynrychiadol:

> **Term allweddol**
> Data cynrychiadol: Data sampl sy'n nodweddiadol o'r ardal neu'r boblogaeth gyffredinol sy'n cael eu samplu.

- Dewis ardal samplu, er enghraifft 10 m wrth 10 m, a'i marcio â grid.
- Defnyddio generadur haprifau i eneradu cyfesurynnau ar gyfer lle i osod eich cwadradau.
- Samplu o leiaf 10 cwadrad yn yr ardal samplu.
- Ailadrodd y broses mewn ardaloedd samplu eraill yn y cae.

Mae cymryd llawer o hapsamplau ym mhob ardal samplu a defnyddio mwy nag un ardal samplu yn cynyddu'r siawns y bydd eich canlyniadau'n gynrychiadol o'r cae cyfan.

> **Cyngor**
> Mae mwy o fanylion am samplu o ran cyfrifiadau mathemategol ar dudalennau 19–20.

Gwneud arsylwadau a mesuriadau a'u cofnodi

Mae hwn yn sgìl pwysig wrth wneud gweithgareddau ymarferol, ac mae'n bwysig gwneud mesuriadau a'u cofnodi nhw'n ofalus, ac yna eu gwirio nhw eto i sicrhau nad ydych chi wedi gwneud camgymeriad wrth ddarllen oddi ar raddfa.

Mae angen i chi wneud yn siŵr hefyd eich bod chi'n cynllunio i gasglu data yn amserol. Os yw adwaith yn digwydd yn gyflym, gallai casglu data bob pum munud fod yn amhriodol gan fod y newidiadau rydych chi'n ceisio eu mesur yn digwydd yn rhy gyflym. Yn yr un modd, os yw proses yn digwydd yn eithaf araf, efallai y bydd mesur bob tri deg eiliad yn ffordd aneffeithlon o ddefnyddio amser, ac yn cynhyrchu llawer o bwyntiau data sydd ddim yn ddefnyddiol.

Dyma rai problemau cyffredin eraill wrth wneud arsylwadau a mesuriadau:

- Methu nodi'r mesuriad yn gywir – naill ai drwy gamddeall beth mae'r raddfa'n ei ddangos neu drwy ei gamddarllen. I osgoi hyn, gwnewch yn siŵr eich bod chi'n glir ynglŷn â beth mae'r raddfa'n ei ddangos, gan gynnwys beth mae'r graddnodau llai yn ei gynrychioli; er enghraifft, beth mae'r llinellau rhwng 10 cm^3 a 20 cm^3 ar silindr mesur yn ei gynrychioli.
- Peidio â defnyddio stopwatsh yn gywir – gwnewch yn siŵr eich bod chi'n gallu defnyddio'r stopwatsh sydd gennych chi'n hyderus – gan gynnwys ei gychwyn, ei stopio a'i glirio. Gwnewch yn siŵr eich bod chi'n gallu cychwyn y stopwatsh ar yr amser priodol a'i stopio yn union ar y diweddbwynt cywir.
- Peidio â gosod clorian ar sero cyn mesur màs – gwnewch yn siŵr bod y glorian yn rhoi darlleniad o sero cyn mesur màs. Mae hyn yn gallu golygu rhoi cynhwysydd ar y glorian, ei gosod hi ar sero ac yna rhoi'r sampl yn y cynhwysydd. Os na wnewch chi hyn, efallai y byddwch chi'n mesur màs y sampl yn ogystal â'r cynhwysydd mae'n cael ei bwyso ynddo.
- Peidio â darganfod newid lliw'n fanwl gywir – mae mesur newid lliw yn beth goddrychol yn gyffredinol oherwydd y ffaith y gallai gwahanol bobl farnu'r diweddbwynt terfynol ychydig bach yn wahanol i'w gilydd. I helpu â hyn, dylech chi ddefnyddio sampl cyfeirio sydd eisoes wedi cyrraedd diweddbwynt y newid lliw.

> **Term allweddol**
> **Cyfeiliornad paralacs:** Gwerth neu safle gwrthrych yn edrych yn wahanol oherwydd gwahanol linellau golwg.

Gwerthuso dulliau ac awgrymu gwelliannau posibl

Mae gwerthuso'n sgìl pwysig ar gyfer gwyddoniaeth, oherwydd nad oes un arbrawf nac un dull yn berffaith byth. Dylech chi fod yn gwerthuso eich dull yn gyson wrth wneud gwaith ymarferol, ond efallai y bydd gofyn i chi werthuso hefyd fel rhan o gwestiynau arholiad.

Gall gwerthuso gynnwys asesu'r canlynol:

- a oes digon o fesuriadau trachywir wedi'u cymryd mewn arbrawf – os nad yw dull arbrofol yn ddigon trachywir, gallai gynhyrchu canlyniadau annilys

> **Cyngor**
> Mae mwy o enghreifftiau o gwestiynau 'Gwerthuswch' ar dudalen 56.

DADANSODDI A GWERTHUSO

- a fyddai modd gwella'r dull sy'n cael ei ddefnyddio yn yr ymchwiliad – dylech chi allu cyfiawnhau eich ateb ac awgrymu gwelliannau i sicrhau bod canlyniadau ymchwiliad yn ddilys.

Wrth ateb cwestiynau gwerthuso, dylech chi ystyried y canlynol:

- Ydy'r mesuriadau rydych chi wedi'u cymryd yn darparu data y gallwch chi eu defnyddio i ateb y rhagdybiaeth dan sylw yn yr ymchwiliad mewn modd sy'n argyhoeddi?
- Oes gwendidau yn y dull arbrofol neu yn y casgliad sy'n deillio o'r canlyniadau?
- Oes ffordd o wella'r dull arbrofol a fyddai wedi cynhyrchu data mwy manwl gywir neu drachywir?
- Fydd angen arbrofion dilynol i fynd i'r afael â materion pellach a gafodd eu codi gan yr ymchwiliad gwreiddiol?

Cwestiynau

1. Beth yw rhagdybiaeth?
2. Mae ymchwiliad yn cael ei gynnal i effaith arddwysedd golau ar gyfradd ffotosynthesis mewn sampl dyfrllys. Mae golau'n cael ei osod ar amrywiaeth o bellteroedd oddi wrth y dyfrllys, ac ar bob pellter, mae nifer y swigod sy'n cael eu rhyddhau o'r dyfrllys mewn 5 munud yn cael ei gyfrif. Mae'r un rhywogaeth a'r un màs dyfrllys yn cael eu defnyddio drwy gydol yr ymchwiliad.
   a. Enwch y newidynnau canlynol yn yr ymchwiliad hwn:
      i. newidyn annibynnol
      ii. newidyn dibynnol
      iii. dau newidyn rheolydd.
   b. Gwerthuswch y dull sy'n cael ei ddefnyddio yn yr ymchwiliad hwn, ac awgrymwch welliant.
3. Beth yw data cynrychiadol?
4. Sut mae cyfeiliornadau methodoleg yn wahanol i gyfeiliornadau sy'n digwydd wrth gynnal ymchwiliad?
5. Pam mae hi'n bwysig bod organebau mewn ymchwiliadau yn ymgyfarwyddo ag amgylchoedd newydd?
6. Pam mae hi'n bwysig peidio â dechrau casglu canlyniadau yn syth ar ôl rhoi sampl mewn baddon dŵr?
7. Wrth ymchwilio i doreithrwydd planhigyn mewn cae, pam mae hi'n bwysig cymryd nifer o samplau gwahanol?

» Dadansoddi a gwerthuso

Ar ôl casglu canlyniadau arbrofol, mae angen eu cyflwyno, eu dadansoddi ac yna eu gwerthuso er mwyn i chi allu ysgrifennu casgliad rhesymegol.

Casglu, cyflwyno a dadansoddi data

- Mae'n bwysig iawn cyflwyno data sydd wedi'u casglu mewn ymchwiliad mor glir â phosibl. Mae hyn yn golygu sicrhau bod tablau a graffiau canlyniadau'n cael eu lluniadu'n gywir.
- Ar ôl casglu data, gallwch chi wneud dadansoddiadau mathemategol pellach.

Mae rhagor o fanylion am graffiau, tablau, dosraniadau a dadansoddi data yn yr adran sgiliau mathemategol.

Gwerthuso data

Mae'n bwysig iawn gwerthuso ansawdd data sydd wedi'u casglu mewn ymchwiliad oherwydd bod data o ansawdd gwael yn gallu golygu y bydd unrhyw gasgliadau sy'n deillio o'r data yn anghywir. Wrth werthuso ansawdd data sydd wedi'u casglu mewn ymchwiliad, gallwch chi sôn am fanwl gywirdeb, trachywiredd, ailadroddadwyedd ac atgynyrchadwyedd, ond dylech chi hefyd ystyried ansicrwydd a chyfeiliornadau a allai ddigwydd yn yr arbrawf.

Ansicrwydd

Pryd bynnag caiff mesuriadau eu gwneud mewn arbrawf, bydd ansicrwydd o hyd am ganlyniadau'r mesuriadau. Mae'r ansicrwydd hwn yn gallu bod oherwydd y cyfarpar a hefyd oherwydd y gweithdrefnau arbrofol sy'n cael eu defnyddio. Mae modd gwella ymchwiliadau i leihau'r ansicrwydd mewn canlyniadau, er enghraifft drwy ddefnyddio cyfarpar mwy trachywir.

Gallwn ni ddefnyddio'r amrediad o gwmpas y cymedr fel ffordd o fesur ansicrwydd. Er enghraifft, os yw'r amrediad o gwmpas y cymedr yn eithaf bach (er enghraifft, mae'r canlyniadau'n agos at y cymedr), bydd ansicrwydd y canlyniadau yn llai na phe bai'r amrediad o gwmpas y cymedr yn fwy (y canlyniadau'n bellach oddi wrth y cymedr). Os yw'r amrediad yn fawr, mae'n bwysig eich bod chi'n ystyried yr ansicrwydd hwn wrth werthuso'r data a phenderfynu a yw'n ddigon addas i seilio casgliad arno.

Gallwn ni ddefnyddio barrau amrediad i gynrychioli ansicrwydd ar graff. Y mwyaf yw'r barrau amrediad, y mwyaf ansicr yw'r canlyniadau.

Mathau o gyfeiliornad

Yn ogystal ag ystyried ansicrwydd, wrth werthuso data dylech chi ystyried a oedd unrhyw gyfeiliornadau mesur yn debygol. Mae angen edrych ar ddau brif fath o gyfeiliornad:

- Hapgyfeiliornad – mae'r rhain yn achosi i fesuriadau fod yn wahanol i'r gwir werth, a bydd y gwahaniaeth hwnnw'n wahanol bob tro – mewn geiriau eraill, mae'r canlyniadau'n amrywio mewn ffyrdd na allwch chi eu rhagweld. Mae hyn yn broblem arbennig ym maes bioleg oherwydd bod organebau byw'n dangos llawer o amrywiad. Er enghraifft, wrth fesur amseroedd ymateb, gallai un gwerth fod yn wahanol iawn i werth arall oherwydd bod rhywbeth wedi tynnu sylw'r sawl sy'n destun yr arbrawf. Mae modd lleihau hapgyfeiliornadau drwy wneud mwy o fesuriadau a chofnodi gwerth cymedrig (gweler tudalennau 14–15 am fanylion cyfrifo cymedrau).
- Cyfeiliornad systematig – mae'r rhain yn achosi i ddarlleniadau fod yn wahanol i'r gwir werth, i'r un swm bob tro. Felly, fel arfer, problemau â chyfarpar neu'r weithdrefn arbrofol sy'n achosi cyfeiliornadau systematig. Er enghraifft, os oes gan glorian gyfeiliornad o 0.5 g, byddai pob màs sy'n cael ei fesur ar y glorian hon 0.5 g yn wahanol i'r gwir werth. Os ydyn ni'n gwybod am gyfeiliornadau systematig, gallwn ni eu hystyried nhw wrth ddadansoddi canlyniadau.

> **Cyngor**
>
> Gwerthoedd sy'n wahanol iawn i weddill canlyniadau'r ymchwiliad yw canlyniadau afreolaidd. Os ydyn nhw wedi cael eu cynhyrchu drwy fesur yn anghywir, mae modd eu hanwybyddu wrth gyfrifo cymedrau neu wneud dadansoddiad pellach.

Ailadroddadwyedd, atgynyrchadwyedd a dilysrwydd

Wrth ddadansoddi canlyniadau, yn ddelfrydol dylen nhw fod yn ailadroddadwy, yn atgynyrchadwy ac yn ddilys er mwyn sicrhau eu bod nhw'n ddefnyddiol.

- Mae canlyniadau'n ailadroddadwy os bydd yr un ymchwilydd yn cael canlyniadau tebyg wrth ailadrodd yr ymchwiliad dan yr un amodau.
- Mae canlyniadau'n atgynyrchadwy os bydd ymchwilwyr gwahanol yn cael canlyniadau tebyg wrth ddefnyddio cyfarpar gwahanol.
- Rydyn ni'n ystyried bod canlyniadau'n ddilys os yw'r data yn fesur cywir o'r briodwedd sy'n destun yr ymchwiliad. Er enghraifft, ni fyddai mesur newid tymheredd deilen dros amser yn fesur dilys ar gyfer cyfradd ffotosynthesis.

Mae canlyniadau dibynadwy yn ddilys, yn ailadroddadwy ac yn atgynyrchadwy.

Mae canlyniadau dibynadwy'n bwysig i asesu ydyn ni wedi darganfod rhywbeth ystyrlon ai peidio. Pe bai canlyniadau, er enghraifft, yn ailadroddadwy ond ddim yn atgynyrchadwy, neu'n atgynyrchadwy ond ddim yn ddilys, gallai'r canlyniadau fod yn anghywir. Mae canlyniadau sy'n ailadroddadwy ond ddim yn atgynyrchadwy nac yn ddilys yn arbennig o amheus oherwydd ei bod yn bosibl bod yr ymchwilydd yn ailadrodd yr un camgymeriadau dro ar ôl tro. Mae canlyniadau atgynyrchadwy'n rhoi mwy o hyder eu bod nhw'n gywir gan eu bod nhw'n cynnwys llawer o bobl neu lawer o dechnegau. Fodd bynnag, mae angen ymchwilio i newidyn priodol er mwyn i'r canlyniadau fod yn ddilys.

Cyngor

Mae'n bosibl i fesuriadau fod yn ailadroddadwy ond gan ddal i gynnwys cyfeiliornadau wedi'u hachosi gan y cyfarpar neu gan dechneg arbrofol yr ymchwilydd. Mae canlyniadau atgynyrchadwy'n llai tebygol o gynnwys cyfeiliornadau fel hyn gan fod y canlyniadau'n cael eu casglu gan ymchwilwyr gwahanol sy'n defnyddio cyfarpar gwahanol.

Cwestiynau

1. Beth yw'r gwahaniaeth rhwng trachywiredd a manwl gywirdeb?
2. Beth yw canlyniadau afreolaidd?
3. Mewn ymchwiliad i amser ymateb bodau dynol, mae'r data isod yn cael eu casglu.

| Amser ymateb (s) | 1.2 | 1.3 | 1.1 | 1.2 | 1.1 |

  Mae ymchwiliad dilynol mwy manwl yn cyfrifo amser ymateb cymedrig o 0.5 eiliad. Pa ddatganiad gallwch chi ei wneud am ganlyniadau'r ymchwiliad cyntaf? Defnyddiwch y termau 'trachywir' a 'manwl gywir' yn eich ateb.
4. Os yw amrediad ailadrodd canlyniadau o gwmpas y cymedr yn fawr, pa gasgliad gallwch chi ei ffurfio am lefel yr ansicrwydd yn y canlyniadau?
5. Beth yw'r gwahaniaeth rhwng hapgyfeiliornadau a chyfeiliornadau systematig?
6. Esboniwch sut gallech chi leihau hapgyfeiliornadau.
7. Pa gamau gallech chi eu cymryd i leihau cyfeiliornadau systematig mewn ymchwiliad?
8. Esboniwch y gwahaniaeth rhwng y termau 'ailadroddadwyedd' ac 'atgynyrchadwyedd'.
9. Pam mae canlyniadau atgynyrchadwy'n llai tebygol o gynnwys cyfeiliornadau systematig na chanlyniadau sydd ddim ond yn ailadroddadwy?
10. Beth mae barrau amrediad mawr ar graff yn ei ddangos?

» Geirfa, meintiau, unedau a symbolau gwyddonol

Geirfa wyddonol

Mae defnyddio geirfa wyddonol gywir mewn atebion yn yr arholiad yn bwysig dros ben. Dylech chi ddysgu diffiniadau geiriau allweddol a thermau technegol a bod yn gyfforddus wrth eu defnyddio nhw. Wrth ateb cwestiynau arholiad, cofiwch ystyried a ydych chi wedi ysgrifennu'r ateb gorau posibl neu allech chi ddefnyddio mwy o eiriau allweddol a geirfa wyddonol? Mae gwybodaeth am yr eirfa wyddonol sy'n cael ei defnyddio ym maes bioleg ar gael yn adran Lythrennedd y llyfr hwn (gweler tudalen 45).

Meintiau, unedau a symbolau gwyddonol

Mae gwybodaeth am y meintiau a'r unedau sy'n cael eu defnyddio ym maes gwyddoniaeth, a sut i drawsnewid rhwng y rhain, ar gael yn adran Fathemateg y llyfr hwn (gweler tudalen 5).

4 Sgiliau adolygu

Mae'r adran hon yn sôn am bwysigrwydd adolygu a'r strategaethau allweddol a all eich helpu chi i elwa cymaint â phosibl ar eich adolygu. Un camsyniad cyffredin yw mai dim ond un ffordd o adolygu sydd, sef un sy'n golygu llawer o waith cymryd nodiadau, ailddarllen ac amlygu. Fodd bynnag, mae ymchwil yn dangos nad yw hon yn ffordd effeithiol o adolygu. Mae angen i chi amrywio'r technegau rydych chi'n eu defnyddio – a dod o hyd i'r rhai sy'n gweithio orau i *chi*.

Yn aml, bydd myfyrwyr yn meddwl eu bod nhw'n methu newid y ffordd maen nhw'n adolygu, neu fod adolygu'n rhywbeth rydych chi naill ai'n gallu neu ddim yn gallu ei wneud. Y gwir yw bod adolygu'n sgìl pwysig ac, fel unrhyw sgìl, gyda chymorth ac ymarfer gallwch chi ddysgu ei wneud yn well. Mae 'gwell' yn golygu adolygu'n fwy effeithlon (cael mwy o fudd o adolygu am yr un faint o amser) ac yn fwy effeithiol (cofio mwy o wybodaeth).

Bydd y bennod hon yn ymdrin ag elfennau allweddol adolygu'n llwyddiannus:

- Cynllunio ymlaen
- Defnyddio'r offer cywir
- Creu'r amgylchedd cywir
- Technegau adolygu defnyddiol
- Ymarfer, ymarfer, ymarfer!

» Cynllunio ymlaen

Mae cynllunio yn allweddol i adolygu'n llwyddiannus. Mae nifer o bethau i'w cofio wrth gynllunio gwaith adolygu.

Bod yn realistig

Does dim byd gwaeth o ran eich cymhelliant na gosod targedau afrealistig ac yna methu eu cyrraedd nhw. Mae angen i chi ystyried yn ofalus faint o waith gallwch chi ei gwblhau ac yna caniatáu digon o amser i'w gwblhau.

Sicrhau eich bod chi'n rhoi sylw i bob testun yn y cwrs

Mae'n hawdd cael eich temtio i ganolbwyntio ar y meysydd pwysicaf yn eich barn chi ac anwybyddu rhai eraill. Mae hyn yn risg gan nad oes neb yn gwybod beth fydd yn codi. Mae'n deimlad ofnadwy gweld cwestiwn arholiad a gwybod nad ydych chi wedi adolygu'r testun. Mae'r adran hon yn rhoi cyngor am rai strategaethau a fydd yn sicrhau bod holl bwyntiau allweddol y fanyleb yn cael sylw.

Dod yn ffrindiau â'r meysydd dydych chi ddim yn eu hoffi

Mae'n demtasiwn canolbwyntio ar y meysydd rydych chi'n gyfarwydd â nhw ac yn eu deall yn barod. Mae'n gwneud i chi deimlo eich bod chi'n gwneud cynnydd gwych, ond a dweud y gwir, dydych chi ddim yn gwneud cymwynas â chi eich hun. Dylech chi weithio'n galed ar y meysydd sy'n anodd i chi er mwyn rhoi'r cyfle gorau i chi eich hun. Gall hyn fod yn anodd, a gall y cynnydd deimlo'n araf, ond mae'n rhaid dal ati.

> **Cyngor**
>
> Treuliwch ychydig bach o amser bob nos yn ystod eich cwrs TGAU yn mynd dros yr hyn rydych chi wedi'i ddysgu yng ngwers y diwrnod hwnnw – mae'n gallu bod yn fuddiol iawn. Mae'n eich helpu chi i gofio'r cynnwys pan fyddwch chi'n ei adolygu, ac mae'n ffordd dda o baratoi at y wers nesaf.

Gofyn am help

Yn aml, y myfyrwyr mwyaf llwyddiannus yw'r rhai sy'n gofyn cwestiynau i'w hathrawon, eu rhieni a myfyrwyr eraill. Os ydych chi'n ansicr am unrhyw beth yn y fanyleb, peidiwch â chadw'n dawel – holwch! Bydd cynllunio'n iawn yn sicrhau bod gennych chi amser i ofyn y cwestiynau hyn wrth weithio drwy eich gwaith adolygu.

Gosod targedau

Mae targedau'n rhan bwysig o gynllunio adolygu llwyddiannus. Gallech chi gynnwys targedau SMART yn eich amserlen adolygu.

Dyma enghraifft o darged SMART (mae'r acronym Saesneg yn cyfeirio at y nodweddion canlynol: *specific, measurable, achievable, realistic and timely*; hynny yw, penodol, mesuradwy, cyflawnadwy, realistig ac amserol)

Targed: Cyrraedd gradd B o leiaf wrth ymarfer Papur 1 Bioleg o dan amodau arholiad. Cwblhau hyn erbyn diwedd yr wythnos.

- **Penodol** – mae'r targed hwn yn benodol gan ei fod yn enwi'r papur arholiad ac yn nodi sut mae angen ei gwblhau a pha radd sydd ei hangen.
- **Mesuradwy** – mae'r targed yn rhoi gradd isaf benodol (B), felly mae'n fesuradwy.
- **Cyflawnadwy** – cyn belled â bod digon o amser i gwblhau'r papur, ac fe ddylai fod os yw'n cael ei gwblhau yn yr 'amser a ganiateir', byddai'r targed hwn yn gyflawnadwy.
- **Realistig** – ddylech chi ddim disgwyl cael gradd A* mewn asesiadau yn syth na dysgu llawer iawn o gynnwys mewn amser byr iawn; felly mae gradd B yn ymddangos yn uchelgeisiol ar gyfer y cynnig cyntaf.
- **Amserol** – mae amser wedi'i osod i gwblhau'r nod hwn, sef erbyn diwedd yr wythnos. Gan gymryd bod y myfyriwr wedi adolygu holl destunau'r papur erbyn hynny, mae hwn yn gyfnod synhwyrol.

Mae hefyd yn bosibl gosod targedau llai ar gyfer sesiynau adolygu unigol, er enghraifft:

- cwblhau tri chwestiwn ymarfer ar un sgìl mathemategol
- cael 75% mewn prawf galw i gof
- dysgu camau proses, e.e. y gylchred garbon
- gwneud cyfres o gardiau fflach geiriau allweddol ar Lensiau a Golau Gweladwy

Bydd gosod targedau ar gyfer pob sesiwn adolygu yn eich helpu chi i ddeall pryd rydych chi wedi gorffen a hefyd yn rhoi tystiolaeth i chi o'ch cynnydd – sydd bob amser yn dda i'ch cymhelliant!

> **Cyngor**
>
> Mae targedau'n gallu cynnwys pethau fel peidio â defnyddio cyfryngau cymdeithasol neu eich ffôn am sesiwn adolygu gyfan os yw hyn yn rhywbeth sy'n arbennig o anodd i chi.

» Defnyddio'r offer cywir

I adolygu'n effeithiol, mae'n hanfodol bod gennych chi'r offer cywir. Dyma rai o'r offer 'ymarferol' bydd eu hangen arnoch chi wrth adolygu:

- cynlluniwr neu ddyddiadur
- beiros
- papur
- amlygwyr
- cardiau fflach
- ac yn y blaen …

Os yw'r offer hyn wrth law, gallwch chi osgoi rhwystrau syml a fyddai'n eich atal chi rhag adolygu'n llwyddiannus – fel bod heb feiro!

Amserlenni adolygu

Mae amserlen adolygu'n ddefnyddiol o ran eich helpu chi i drefnu a strwythuro eich gwaith. Cofiwch, mae'n bwysig bod yn realistig – peidiwch â chynllunio i wneud gormod, neu byddwch chi'n digalonni.

Mae adolygu'n gweithio'n well mewn blociau byr. Felly, peidiwch â chynllunio i dreulio dwy awr solet yn adolygu un testun – mae'n annhebygol y gwnewch chi bara mor hir â hynny. Hyd yn oed os gwnewch chi, mae'n annhebygol y bydd y gwaith tua diwedd yr amser hwn yn effeithiol. Mae sylw manylach i dechnegau sy'n helpu gydag adolygu defnyddiol, amserol ar dudalennau 75–76.

Os ydych chi'n gwneud amserlen adolygu ar gyfer ffug arholiadau (cyn i chi orffen eich cwrs), bydd angen i chi ganiatáu amser i wneud eich gwaith cartref yn ogystal ag adolygu.

Sut i greu amserlen adolygu

Nodwch y nod tymor hir a'r targedau tymor byr rydych chi'n ceisio eu cyflawni (a gwnewch yn siŵr eu bod nhw'n rhai SMART). Gofynnwch i chi eich hun ai amserlen gyffredinol i'w defnyddio yn ystod y tymor yw hon, neu amserlen i baratoi ar gyfer arholiad neu asesiad penodol. Bydd hyn yn effeithio ar sut rydych chi'n llunio eich cynllun, oherwydd bydd eich ymrwymiadau'n amrywio.

Beth bynnag yw'r nod terfynol, cynlluniwch fel bod ychydig amser ar gael ar y diwedd. Gwnewch yn siŵr eich bod chi'n cynllunio i roi sylw i bob maes testun sydd ei angen ymhell cyn yr asesiad. Fel hyn, os cewch chi broblemau sy'n eich arafu chi, bydd gennych chi amser ar ôl.

Cyngor

Dylech chi gynnwys eich ymrwymiadau eraill mewn amserlen adolygu, er enghraifft gwersi cerddoriaeth, chwaraeon, ymarfer corff neu waith rhan-amser. Bydd hyn yn rhoi darlun cliriach o faint o amser sydd gennych chi i adolygu. Gallai'r ymrwymiadau hyn fod yn wobrau – yn bethau i chi edrych ymlaen atyn nhw. Neu efallai y daw hi'n glir bod gennych chi ormod i'w wneud a bod angen i chi roi'r gorau i rywbeth (dros dro).

Cyngor

Gwnewch yn siŵr eich bod chi'n cynllunio'n ofalus faint o amser sydd ar gael i chi cyn pob arholiad er mwyn osgoi gorfod gweithio dan bwysau.

Enghreifftiau o amserlenni adolygu

Enghraifft dda

Sesiynau adolygu wedi'u rhannu'n adrannau bach. Mae hyn yn helpu i gynnal eich sylw yn ystod y sesiwn.

Amser	Llun
8:30am–3:20pm	Ysgol
4:00pm–4:30pm	Cemeg (maint a màs atomau)
4:30pm–5:30pm	Pêl-droed
5:30pm–6:00pm	Swper
6:00pm–6:30pm	Ffiseg (pelydriad cyflawn)
6:30pm–7:00pm	Chwarae gemau ar y we
7:00pm–7:30pm	Bioleg (meiosis)

Mae seibiannau rheolaidd wedi'u trefnu, ac mae'r disgwyliadau'n realistig o ran faint o adolygu sy'n bosibl mewn diwrnod.

Mae'n rhoi testunau penodol i adrannau adolygu – does dim angen i chi gadw at hyn yn llwyr o reidrwydd, ond mae'n beth da rhoi ffocws testun i bob sesiwn adolygu, ac yna gallwch chi osod targedau ar gyfer y sesiwn yn seiliedig ar y maes testun penodol hwn.

Enghraifft wael

Disgwyliadau afrealistig – mae amserlen adolygu sy'n dechrau am 6:30 am ac yn gorffen am 11:00 pm y nos yn afrealistig ac o bosibl yn niweidiol. Mae eich cymhelliant yn dioddef os ydych chi'n methu cyflawni targedau sydd wedi'u gosod.

Amser	Llun
6:30am–7:20am	Ffiseg
8:30am–3:30pm	Ysgol
3:30pm–5:00pm	Ffiseg
5:00pm–7:30pm	Cemeg
7:30pm–11:00pm	Bioleg

Mae gweithio oriau rhy hir heb ddigon o gwsg ac amser ymlacio'n gallu niweidio eich iechyd.

Dim seibiant ar yr amserlen – mae cynllunio seibiant, er mwyn gorffwys ac fel gwobr, yn bwysig iawn o ran adolygu'n effeithiol.

Dim sôn am destunau penodol – mae 'Ffiseg' yn llawer rhy amwys; pa feysydd penodol sy'n mynd i gael sylw?

Cyfnodau hir o un pwnc – mae'n annhebygol y bydd y myfyriwr yn gallu canolbwyntio am amser mor hir.

DEFNYDDIO'R OFFER CYWIR

Rhestr wirio adolygu

Mae rhestr wirio adolygu yn bwysig o ran gwneud yn siŵr eich bod chi'n rhoi sylw i holl gynnwys y fanyleb. Efallai y cewch chi restr wirio adolygu gan eich athro, ond hyd yn oed os cewch chi, mae gwneud un eich hun yn gallu bod yn weithgaredd dysgu defnyddiol.

Sut i wneud rhestr wirio adolygu

1. Darllenwch y fanyleb; dyma bopeth mae angen i chi ei wybod.
2. Rhannwch y fanyleb yn ddatganiadau byr a'u rhoi nhw mewn grid.
3. Gweithiwch drwy'r grid, gan roi tic wrth gwblhau pob cam ar gyfer testun penodol. Defnyddiwch gwestiynau arholiad enghreifftiol i wirio bod eich adolygu wedi bod yn effeithiol.
4. Ewch yn ôl at y meysydd lle rydych chi'n wan a chanolbwyntiwch ar wella'r rhain.

Rhestr wirio adolygu enghreifftiol

Mae'r isod yn ddatganiad enghreifftiol sy'n dod o fanyleb TGAU Ffiseg. Mae'r datganiad hwn wedi cael ei ddefnyddio yn sail i restr wirio adolygu enghreifftiol.

Dylai fod gan ddysgwyr wybodaeth ac ymwybyddiaeth am fanteision ac anfanteision technolegau egni adnewyddadwy (e.e. trydan dŵr, pŵer gwynt, pŵer tonnau, pŵer llanw, gwastraff, solar, pren) ar gyfer cynhyrchu trydan. Dylai dysgwyr hefyd allu esbonio manteision ac anfanteision defnyddio technolegau egni anadnewyddadwy, gan gynnwys tanwyddau ffosil a niwclear, i gynhyrchu trydan.

Rhestr wirio adolygu

Datganiad y fanyleb	Wedi'i drafod yn y dosbarth	Wedi'i adolygu	Cwestiynau enghreifftiol wedi'u cwblhau	Cwestiynau i'w gofyn i'r athro
Manteision ac anfanteision adnoddau egni adnewyddadwy i gynhyrchu trydan 1 – trydan dŵr, pŵer gwynt, pŵer tonnau, pŵer llanw.				
Manteision ac anfanteision adnoddau egni adnewyddadwy i gynhyrchu trydan 2 – gwastraff, solar, pren.				
Manteision ac anfanteision tanwyddau ffosil i gynhyrchu trydan.				
Manteision ac anfanteision pŵer niwclear i gynhyrchu trydan.				

> **Cyngor**
> Mae rhai canllawiau adolygu (fel *Fy Nodiadau Adolygu*) hefyd yn darparu rhestri gwirio y gallwch chi eu defnyddio.

Posteri

Gallech chi greu posteri o brosesau, diagramau a phwyntiau allweddol a'u rhoi nhw ar y wal o gwmpas y tŷ er mwyn i chi allu adolygu drwy gydol y dydd. Cofiwch newid y posteri'n rheolaidd – byddan nhw'n colli eu heffaith os ewch chi'n rhy gyfarwydd â nhw. Mae mwy o sôn am wneud y gorau o'ch amgylchedd dysgu yn yr adran nesaf.

Technoleg

Mae sawl ffordd o ddefnyddio technoleg i'ch helpu chi i adolygu. Er enghraifft, gallwch chi wneud sioeau sleidiau o bwyntiau allweddol, gwylio fideos byr neu wrando ar bodlediadau. Mantais creu adnodd eich hun yw ei fod yn eich gorfodi chi i feddwl am destun penodol yn fanwl. Bydd hyn yn eich helpu chi i gofio pwyntiau allweddol ac yn gwella eich dealltwriaeth. Dylech chi gadw'r deunyddiau terfynol yn ddiogel er mwyn gallu edrych arnyn nhw eto yn nes at yr arholiad. Gallech chi roi benthyg eich deunyddiau i'ch ffrindiau a chael benthyg eu rhai nhw, i rannu'r baich gwaith.

> **Cyngor**
> Peidiwch â gohirio adolygu drwy ganolbwyntio gormod ar sut mae eich nodiadau'n edrych. Mae'n gallu bod yn demtasiwn i dreulio llawer o amser yn gwneud amserlenni adolygu a nodiadau sy'n edrych yn dda, ond bydd hyn yn tynnu eich sylw oddi ar y gwaith go iawn, sef adolygu.

Gwneud eich fideo a'ch podlediad eich hun

Os recordiwch chi eich hun yn esbonio cysyniad neu syniad penodol, naill ai ar fideo neu bodlediad, gallwch chi wrando arno pryd bynnag rydych chi eisiau. Er enghraifft, wrth deithio i'r ysgol neu o'r ysgol. Ond gwnewch yn siŵr bod eich esboniad yn gywir, neu gallech chi atgyfnerthu gwybodaeth anghywir.

Sioeau sleidiau adolygu

Mae sioeau sleidiau'n gallu cynnwys diagramau, fideos ac animeiddiadau o'r rhyngrwyd i'ch helpu chi i ddeall prosesau cymhleth. Gallwch chi eu trawsnewid nhw'n ffeiliau fideo, eu hargraffu nhw fel posteri, neu edrych arnyn nhw ar sgrin. Canolbwyntiwch ar gynnwys y sioe sleidiau, nid ar sut mae'n edrych.

Cyfryngau cymdeithasol

Mae amrywiaeth eang o adnoddau adolygu ar gael ar gyfryngau cymdeithasol. Ond, mae'n bwysig sicrhau bod yr adnoddau'n gywir. Os yw'r cynnwys wedi'i gynhyrchu gan ddefnyddiwr, does dim sicrwydd bydd y wybodaeth yn gywir.

Mae flogwyr astudio a myfyrwyr eraill ar gyfryngau cymdeithasol yn gallu cynnig cefnogaeth werthfawr a theimlad o fod yn rhan o gymuned ehangach sy'n wynebu'r un pwysau â chi. Fodd bynnag, peidiwch â'ch cymharu eich hun â phobl eraill rhag ofn i hynny wneud i chi deimlo nad ydych chi'n ymdopi.

> **Cyngor**
>
> Cofiwch fod cyfryngau cymdeithasol hefyd yn gallu tynnu eich sylw. Mae'n hawdd gwastraffu amser os nad ydych chi'n canolbwyntio. Mae cyngor ar osgoi pethau a allai dynnu eich sylw ar dudalen 75.

» Creu'r amgylchedd cywir

Mae'n bwysig dros ben bod gennych chi le addas i adolygu – gallai eich cynllun a'ch bwriad fod yn wych, ond os ydych chi'n gwylio'r teledu ar yr un pryd, neu'n methu dod o hyd i'r llyfr sydd ei angen, neu'n teimlo'n sychedig, cyn bo hir byddwch chi'n ei chael hi'n anodd canolbwyntio. Gwnewch yn siŵr eich bod chi'n creu ardal waith gall.

Ardal waith a chadw trefn

Mae'n anodd canolbwyntio os yw ardal waith flêr/anniben yn tynnu eich sylw – felly cadwch y lle'n daclus! Mae hefyd yn aneffeithlon, oherwydd gallech chi orfod treulio amser yn chwilio am bethau sydd wedi mynd ar goll.

Mae'n bwysig cadw trefn ar eich llyfrau ymarfer a'ch ffolderi adolygu hefyd. Bydd gennych chi werth dwy flynedd o waith o leiaf i'w adolygu a'i astudio. Gall colli gwaith gael effaith negyddol ar eich adolygu.

Rhowch eich holl nodiadau, cwestiynau ymarfer, rhestri gwirio ac amserlenni mewn ffolder. Gallech chi drefnu'r ffolder yn ôl testun i'w gwneud hi'n hawdd dod o hyd i wybodaeth benodol a gweld y gwaith rydych wedi'i gwblhau yn barod.

> **Cyngor**
>
> Mae rhai myfyrwyr yn gweld gwrando ar gerddoriaeth yn ddefnyddiol wrth adolygu, a hyd yn oed yn cysylltu rhai artistiaid neu ganeuon â thestunau penodol. Fodd bynnag, mae cerddoriaeth hefyd yn gallu tynnu eich sylw chi, felly peidiwch â'i defnyddio oni bai bod hynny'n gweithio i chi.

Edrych ar eich ôl eich hun

Mae adolygu ar gyfer arholiadau'n farathon, nid yn sbrint – mae'n bwysig peidio â gorflino cyn yr arholiadau. Gwnewch yn siŵr eich bod chi'n cadw'n iach ac yn hapus wrth adolygu – er eich lles eich hun ac er mwyn eich helpu i adolygu'n effeithiol.

Bwyta'n iawn

Ceisiwch fwyta deiet cytbwys iach. Cadwch fyrbrydau iach wrth law i wneud yn siŵr na fydd chwant bwyd yn tynnu eich sylw wrth i chi adolygu. Dydy bwyd sy'n llawn siwgr ddim yn ddelfrydol o ran eich gallu i ganolbwyntio.

Yfed digon o ddŵr

Gwnewch yn siŵr bod gennych chi ddigon o ddŵr wrth law i bara tan ddiwedd eich sesiwn adolygu. Mae yfed digon o hylif yn hanfodol ac mae codi i nôl diod yn gallu tynnu eich sylw chi, yn enwedig os byddwch chi'n crwydro heibio i'r teledu ar y ffordd.

Ystyried pryd rydych chi'n gweithio fwyaf effeithiol

Mae gwahanol bobl yn gweithio'n well ar wahanol adegau o'r dydd (bore, prynhawn, yn gynnar gyda'r nos). Ceisiwch gynllunio eich adolygu ar yr adegau pan fyddwch chi ar eich mwyaf cynhyrchiol. Mae'n bosibl y bydd angen arbrofi ychydig ar ddechrau eich cyfnod adolygu.

Gwneud yn siŵr eich bod chi'n cael digon o gwsg

Mae diffyg cwsg yn gallu arwain at broblemau iechyd difrifol. Dydy astudio yn hwyr y nos ar y funud olaf ddim yn dechneg adolygu effeithiol.

> **Cyngor**
>
> Hyd yn oed os ydych chi'n gweithio'n fwy effeithiol gyda'r nos, mae angen i chi fynd i'r gwely'n ddigon cynnar i gael digon o gwsg.

Osgoi pethau sy'n tynnu eich sylw

Gall cyfryngau cymdeithasol a mathau eraill o dechnoleg fod yn demtasiwn na fyddwch chi'n ei groesawu wrth astudio. Dyma rai atebion posibl i hyn:

Cynllunio gweithgareddau penodol ar y we wrth gael seibiant

Gallai hyn olygu treulio amser ar gyfryngau cymdeithasol, gwylio fideos neu chwarae gemau. Gall hyn hefyd roi rhywbeth i chi edrych ymlaen ato wrth i chi weithio. Ceisiwch sicrhau eich bod chi'n cadw at yr amser seibiant rydych chi wedi'i ganiatáu, a pheidiwch ag ildio i 'dim ond un fideo/gêm fach arall'.

Diffodd dyfeisiau

Mae diffodd y rhyngrwyd yn gallu gwella eich gallu i weithio yn sylweddol. Diffoddwch eich ffôn ac ystyriwch osgoi'r rhyngrwyd wrth astudio, a'u gadael nhw wedi'u diffodd tan ddiwedd y sesiwn astudio neu tan ddechrau seibiant. Wrth wneud hyn, fyddwch chi ddim yn cael eich temtio i edrych ar eich ffôn neu ar eich negeseuon yn gyson. Os oes rhaid defnyddio dyfais wrth astudio, mae nifer o apiau a gwasanaethau blocio sy'n gallu cyfyngu ar yr hyn sydd ar gael i chi.

Dweud wrth eich teulu a'ch ffrindiau

Gwnewch yn siŵr bod pobl yn gwybod eich bod chi'n bwriadu astudio am gyfnod penodol. Byddan nhw'n deall pam nad ydych chi'n ateb negeseuon ac yn eich helpu chi drwy gadw allan o'ch ffordd. Mae hyn hefyd yn gallu helpu gydag atgyfnerthu cadarnhaol, oherwydd gallwch chi siarad â nhw wedyn am lwyddiant y sesiwn adolygu.

» Technegau adolygu defnyddiol

Mae llawer o fyfyrwyr yn dechrau eu hastudiaethau TGAU heb fawr o syniad sut i adolygu'n llwyddiannus. Mae nifer o dechnegau adolygu effeithiol mae'n werth rhoi cynnig arnyn nhw. A chofiwch, mae adolygu'n sgìl mae angen ei ddysgu ac yna ei ymarfer. Gall gymryd amser i ddod i arfer â rhai o'r strategaethau hyn, ond os gwnewch chi'r ymdrech, bydd y cyfan yn werth chweil.

Cymhorthion cof

Cyn i ni droi at y technegau adolygu eu hunain, dyma rai awgrymiadau am sut i gofio gwybodaeth arbennig o gymhleth. Chwiliwch am gyfleoedd i roi'r technegau hyn ar waith.

Ymhelaethu

Ymhelaethu yw gofyn cwestiynau newydd am y pethau rydych chi wedi'u dysgu'n barod. Wrth wneud hyn, byddwch chi'n dechrau cysylltu syniadau â'i gilydd ac yn datblygu eich dealltwriaeth **gyfannol** o'r pwnc. Y mwyaf o gysylltiadau rhwng testunau bydd eich ymennydd yn eu gwneud yn awtomatig, yr hawsaf y bydd hi i chi gofio'r wybodaeth berthnasol yn yr arholiad.

Er enghraifft, os ydych chi newydd gyfnerthu eich nodiadau am adeiledd system gludiant planhigion, gallech chi eich herio eich hun i wneud rhestr o bopeth sy'n debyg ac yn wahanol mewn systemau cludiant planhigion a bodau dynol.

Mae hyn yn ddefnyddiol oherwydd, wrth ateb y math hwn o gwestiwn, bydd eich ymennydd yn ffurfio cysylltau rhwng y testunau ac yn cryfhau eich gallu i alw i gof, a byddwch chi hefyd yn gwella eich dealltwriaeth o systemau cludiant planhigion a bodau dynol.

Fel rhan o ymhelaethu, gallwch chi geisio cysylltu syniadau ag enghreifftiau o'r byd go iawn. Bydd y rhain yn datblygu eich dealltwriaeth ac yn eich helpu chi i gofio ffeithiau allweddol. Er enghraifft, wrth adolygu adeiledd polymerau ar gyfer Cemeg, gallech chi gysylltu hyn ag enghreifftiau o bolymerau a sut rydyn ni'n eu defnyddio nhw.

Cofeiriau

Cymhorthion cof yw cofeiriau; maen nhw'n defnyddio patrymau o eiriau neu syniadau i'ch helpu chi i gofio ffeithiau neu wybodaeth. Y math mwyaf cyffredin yw creu brawddeg gan ddefnyddio geiriau â'r llythrennau cyntaf yn cyfateb i'r gair allweddol, neu'r syniad rydych chi'n ceisio ei ddysgu.

Er enghraifft, gallwn ni ddosbarthu pethau byw yn lefelau tacsonomaidd:

- **T**eyrnas
- **D**osbarth
- **T**eulu
- **Rh**ywogaeth.
- **Ff**ylwm
- **U**rdd
- **G**enws

Dyma gofair posibl i'ch helpu chi i gofio trefn y lefelau hyn:

Tri **Ff**lamingo **D**u **U**ngoes **T**ew'n **G**wrthod **Rh**edeg

Mae mathau eraill o gofeiriau'n cynnwys rhigymau, caneuon byr a threfniannau gweledol anarferol o'r wybodaeth rydych chi'n ceisio ei chofio.

Palas cof

Mae'r palas cof yn dechneg sy'n cael ei defnyddio'n aml gan arbenigwyr cof i gofio symiau enfawr o wybodaeth. Wrth ddefnyddio'r dechneg hon, rydych chi'n dychmygu lle (gallai fod yn balas, fel enw'r dechneg, ond gallech chi ddefnyddio eich cartref neu rywle arall rydych chi'n gyfarwydd ag ef), ac yn y lleoliad hwn rydych chi'n rhoi ffeithiau penodol mewn ystafelloedd neu fannau penodol. Yn ddelfrydol, dylai fod cysylltiad rhwng y ffeithiau hyn a'r man lle rydych chi'n eu rhoi nhw, a dylen nhw aros yn yr un lleoliad ac ymddangos yn yr un drefn bob amser.

Efallai y bydd hi o gymorth i chi 'wisgo' pob ffaith mewn ffordd weledol hefyd. Er enghraifft, gallech chi ddychmygu'r wybodaeth 'mae cyflymiad oherwydd disgyrchiant yn ~10 m/s^2' wedi'i 'gwisgo' fel yr afal a syrthiodd ar ben Newton. Yna, gallech chi roi'r afal hwn yn y gegin yn eich palas cof, ar uchder o 10 metr ar ben un o'ch cypyrddau.

Drwy'r broses o gysylltu ffeithiau â'u lleoliad dychmygol, byddwch chi'n fwy tebygol o gofio'r ffaith yn gywir wrth ailymweld â'r 'palas' a'r lleoliadau hyn yn eich meddwl.

Term allweddol

Cyfannol: Pan fydd cysylltiad rhwng pob rhan o bwnc, a'r ffordd orau o'u deall nhw yw drwy gyfeirio at y pwnc cyfan.

Cyngor

Mae'r mathau hyn o gwestiynau'n ddefnyddiol i greu mapiau meddwl cysylltiedig sy'n dangos y cysylltiadau rhwng meysydd testun.

Cyngor

Wrth greu cofeiriau, brawddegau gwirion yw'r rhai gorau – maen nhw'n tueddu i aros yn y cof yn well na brawddegau cyffredin.

Adolygu gweithredol

Er mwyn adolygu'n effeithiol, mae'n rhaid i chi *wneud rhywbeth* â'r wybodaeth. Mewn geiriau eraill, adolygu gweithredol yw'r adolygu mwyaf effeithiol. Mae ailddarllen nodiadau'n broses oddefol ac yn eithaf aneffeithiol o ran eich helpu chi i gadw gwybodaeth. Mae angen i chi fod yn meddwl yn weithredol am y wybodaeth rydych chi'n ei hadolygu. Mae'n fwy tebygol y byddwch chi'n cofio'r wybodaeth ac y byddwch chi'n gweld cysylltiadau rhwng gwahanol feysydd testun. Mae datblygu'r math hwn o ddealltwriaeth ddwfn a chyfannol am y cwrs yn allweddol os ydych am gael y marciau uchaf.

Mae gwahanol dechnegau gweithredol yn gweithio i wahanol bobl. Rhowch gynnig ar amrywiaeth o weithgareddau i weld pa un/pa rai sy'n gweithio i chi. Ceisiwch beidio â chadw at un gweithgaredd wrth adolygu; bydd defnyddio amrywiaeth o weithgareddau'n helpu i gynnal eich diddordeb.

> **Term allweddol**
>
> **Adolygu gweithredol:** Adolygu lle rydych chi'n trefnu ac yn defnyddio'r deunydd rydych chi'n ei adolygu. Mae hyn yn wahanol i adolygu goddefol, sy'n cynnwys gweithgareddau fel darllen neu gopïo nodiadau lle dydych chi ddim yn meddwl yn weithredol.

» Ymarfer adalw

Fel arfer, bydd ymarfer adalw'n cynnwys y camau canlynol.

Cam 1 Cyfnerthu eich nodiadau

Cam 2 Profi eich hun

Cam 3 Gwirio eich atebion

Cam 4 Ailadrodd

Cam 1: Cyfnerthu eich nodiadau

Mae cyfnerthu nodiadau'n golygu cymryd gwybodaeth o'ch nodiadau a'i chyflwyno ar ffurf wahanol. Gall fod mor syml ag ysgrifennu pwyntiau allweddol testun penodol fel pwyntiau bwled ar ddarn o bapur ar wahân. Fodd bynnag, mae technegau cyfnerthu mwy effeithiol yn cymryd y wybodaeth hon ac yn ei throi hi'n dabl neu'n ddiagram, neu, mewn ffordd fwy creadigol, yn fapiau meddwl neu'n gardiau fflach.

Nodiadau pwyntiau bwled

Dyma enghraifft o sut gallech chi gyfnerthu nodiadau pwyntiau bwled o ddarn o destun sy'n bodoli.

Testun gwreiddiol

Dydy bodau dynol ddim yn gallu clywed tonnau uwchsain oherwydd eu hamledd uchel iawn. Mae'r tonnau hyn yn cael eu hadlewyrchu'n rhannol ar ffin rhwng dau gyfrwng gwahanol. Gallwn ni ddefnyddio'r amser mae'n ei gymryd i'r adlewyrchiadau atseinio'n ôl at ganfodydd i ddarganfod pa mor bell i ffwrdd yw'r ffin hon, cyn belled â'n bod ni'n gwybod buanedd y tonnau yn y cyfrwng hwnnw. Mae hyn yn caniatáu i ni ddefnyddio tonnau uwchsain ar gyfer delweddu meddygol a diwydiannol.

Mae daeargrynfeydd yn cynhyrchu tonnau seismig. Mae tonnau P seismig yn arhydol ac yn teithio ar fuaneddau gwahanol drwy solidau a hylifau. Mae tonnau S seismig yn donnau ardraws, felly dydyn nhw ddim yn gallu teithio drwy hylif. Mae tonnau P a thonnau S yn rhoi tystiolaeth am adeiledd a maint craidd y Ddaear. Mae astudio tonnau seismig wedi darparu tystiolaeth am rannau o'r Ddaear sy'n bell o dan yr arwyneb.

Nodiadau wedi'u cyfnerthu

- Amledd uwchsain > 20 000, felly dydy bodau dynol ddim yn gallu eu clywed nhw
- Mae uwchsain yn adlewyrchu a gallwn ni ddefnyddio'r amser mae'n ei gymryd i atsain ddod yn ôl i ganfod y pellter rhwng targed a ffynhonnell

- Rydyn ni'n defnyddio uwchsain mewn meddygaeth a diwydiant i gael delweddau
- Dau fath o don seismig mewn daeargrynfeydd: tonnau P arhydol a thonnau S ardraws
- Mae tonnau P yn gallu teithio drwy solidau a hylifau, tonnau S drwy solidau yn unig
- Mae'r ddau fath yn rhoi gwybodaeth am adeiledd mewnol y Ddaear, e.e. maint y craidd

Diagramau llif

Mae diagramau llif yn ffordd wych o gynrychioli'r camau mewn proses. Maen nhw'n eich helpu chi i gofio'r camau yn y drefn gywir. Mae enghraifft o ddiagram llif Cemeg, ar gyfer proses Haber, i'w gweld yn Ffigur 4.1.

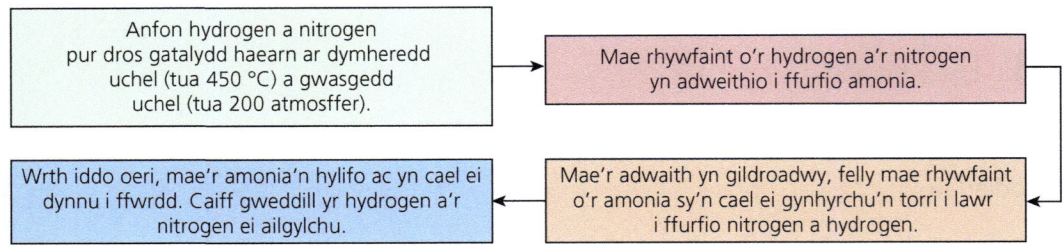

▲ Ffigur 4.1 Proses Haber

Mapiau meddwl

Crynodebau sy'n dangos cysylltiadau rhwng testunau yw mapiau meddwl. Mae datblygu'r cysylltiadau hyn yn sgil uwch – mae'n allweddol o ran datblygu dealltwriaeth lawn a dwfn o gynnwys y fanyleb.

Weithiau, does dim llawer o fanylder mewn mapiau meddwl, felly mae'n fwy defnyddiol eu gwneud nhw ar ôl i chi astudio'r testunau'n fanylach.

Gweler **Ymhelaethu** (tudalen 76) am ragor o wybodaeth am bwysigrwydd cysylltu syniadau wrth wneud gwaith adolygu gweithredol.

> **Term allweddol**
>
> Sgil uwch: Sgil heriol mae'n anodd ei feistroli ond sy'n rhoi llawer o fudd i chi ar draws y pynciau.

Enghraifft dda o fap meddwl

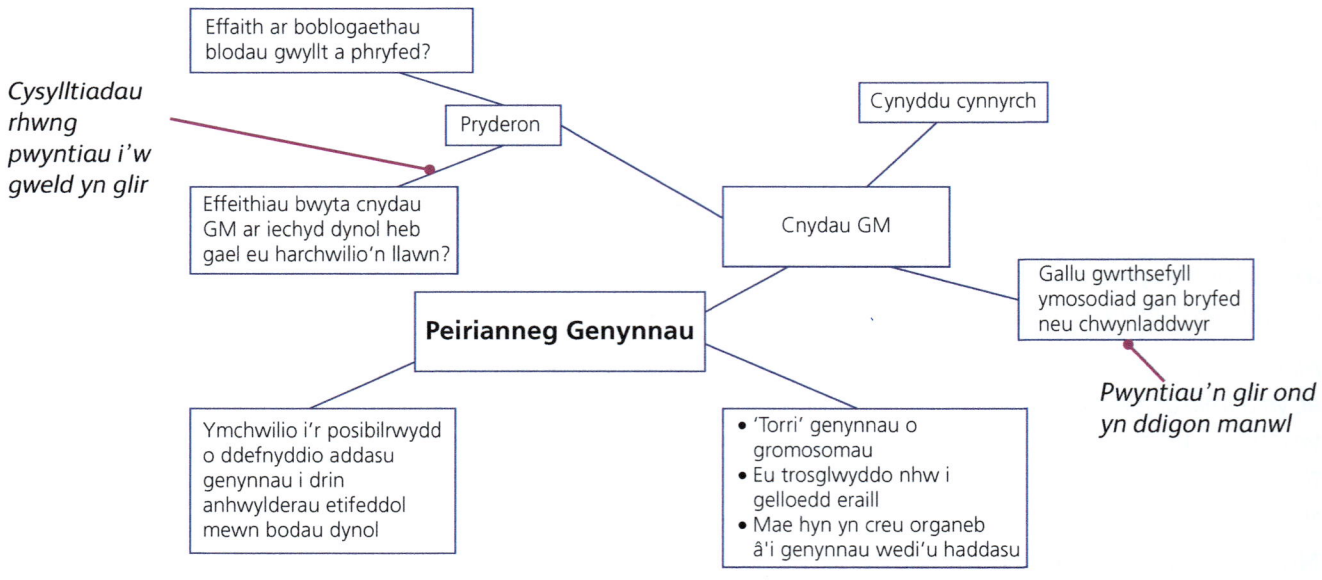

▲ Ffigur 4.2 Enghraifft o fap meddwl da

YMARFER ADALW

Enghraifft wael o fap meddwl

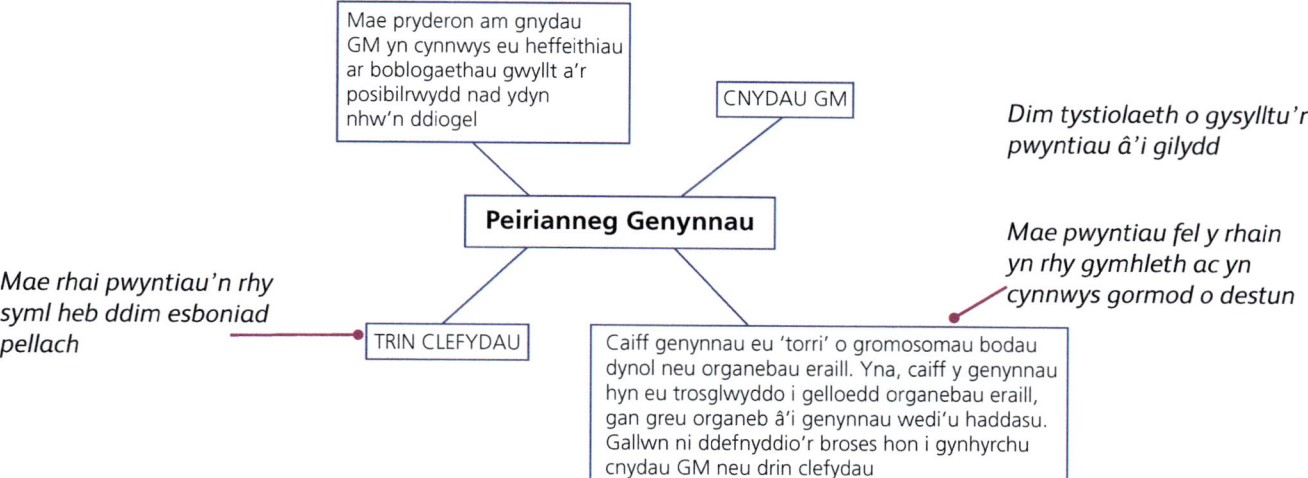

▲ **Ffigur 4.3** Enghraifft o fap meddwl gwael

Cardiau fflach

Mae cardiau fflach yn wych ar gyfer pethau fel diffiniadau o eiriau allweddol – ysgrifennu gair allweddol ar un ochr i'r cerdyn a'r diffiniad ar yr ochr arall.

Gallwch chi hefyd ddefnyddio cardiau fflach i grynhoi pwyntiau allweddol proses neu faes testun.

Fel mapiau meddwl, dylen nhw gael eu defnyddio ar y cyd â dulliau adolygu eraill sy'n rhoi sylw llawn i'r manylder sydd ei angen.

> **Cyngor**
>
> Fel mapiau meddwl, peidiwch â rhoi gormod o wybodaeth ar gardiau fflach.

Cam 2: Profi eich hun

Gallwch chi wneud amrywiaeth o weithgareddau profi â'r nodiadau rydych chi wedi'u cyfnerthu, gan gynnwys:

- gwneud eich cwisiau eich hun
- gofyn i ffrindiau neu deulu eich profi chi
- dewis cardiau fflach ar hap o bentwr
- rhoi cynnig ar gyn-gwestiynau arholiad

Os ydych chi wedi creu prawf, neu'n gofyn i bobl eraill eich profi chi, mae'n bwysig eich bod chi'n gadael digon o amser rhwng cyfnerthu eich nodiadau a chael eich profi ar y testun. Fel arall, fyddwch chi ddim wir yn profi eich gallu i alw i gof.

> **Cyngor**
>
> Mae nifer o wahanol apiau defnyddiol ar gael i helpu i greu cwisiau. Mae rhai o'r apiau hefyd yn eich galluogi chi i rannu'r cwisiau â ffrindiau, er mwyn i chi allu helpu eich gilydd.

Cam 3: Gwirio eich atebion

Ar ôl eich profi eich hun, gwiriwch eich atebion drwy ddefnyddio eich nodiadau neu eich gwerslyfrau. Byddwch yn llym wrth farcio atebion. Os yw ateb *bron* yn gywir, efallai na chaiff farciau llawn mewn arholiad. Dylech chi bob amser geisio rhoi'r ateb gorau posibl.

Os cewch chi unrhyw beth yn anghywir, cywirwch eich atebion ar bapur (nid dim ond yn eich pen). Anodwch eich atebion ag unrhyw beth rydych chi wedi'i golli ynghyd â phethau eraill gallech chi eu gwneud i wella, fel defnyddio iaith fwy technegol.

Cam 4: Ailadrodd

Ailadroddwch yr holl broses, ar gyfer pob testun, yn rheolaidd. Bydd ail-wneud gweithgareddau'n eich helpu chi i gofio agweddau allweddol a sicrhau eich bod chi'n dysgu o'ch camgymeriadau blaenorol. Mae'n arbennig o ddefnyddiol ar gyfer testunau sy'n anodd i chi.

Wrth ailadrodd, peidiwch â throi at yr un testun eto *ar unwaith*. Mae adolygu'n fwy tebygol o fod yn effeithiol os gadewch chi amser cyn mynd yn ôl at destunau rydych chi wedi'u hadolygu'n ddiweddar, a defnyddio'r amser hwn i droi eich sylw at destunau eraill.

Gwahanu testunau

Ar ôl i chi roi sylw i destun cyfan, symudwch ymlaen ac aros cyn dod yn ôl ato i brofi eich gallu i'w alw i gof. Yn ddelfrydol, dylech chi ddychwelyd at destun yn rheolaidd, gan adael mwy o amser cyn dychwelyd bob tro. Does dim angen cymryd gormod o amser wrth ddychwelyd at destun – gallai ail-wneud ambell brawf rydych chi wedi'i wneud o'r blaen fod yn ddigon.

Wrth ddychwelyd, gofynnwch i chi eich hun:

- ydych chi mor gyfarwydd â'r testun â'r tro cyntaf i chi ei adolygu?
- ydych chi'n dal i wneud yr un camgymeriadau?
- beth gallwch chi ei wella?

Nodwch y meysydd allweddol mae angen i chi ailymweld â nhw.

Gadewch amser yn eich amserlen adolygu ar gyfer y broses hon o ailymweld. Dydy gadael pethau tan y funud olaf a cheisio gwneud popeth y pryd hynny ddim yn ffordd effeithiol o adolygu.

> **Cyngor**
> Weithiau, caiff hyn ei alw'n 'Ymarfer Bylchu'.

> **Cyngor**
> Er bod gwahanu a chymysgu testunau'n isadrannau ar wahân yma, dylech chi eu cynnwys nhw yn eich ymarfer adalw.

Cymysgu testunau

Mae cymysgu testunau (rhoi sylw i gymysgedd o destunau yn ystod eich amserlen adolygu yn hytrach na threulio cyfnodau hir ar un testun) yn strategaeth adolygu effeithiol. Mae'n cyd-fynd â'r angen i ailymweld â thestunau'n rheolaidd. Mae cymysgu ac adolygu meysydd gwahanol yn siŵr o olygu y bydd bwlch rhwng adolygu testun am y tro cyntaf a dod yn ôl ato'n ddiweddarach.

Mae astudiaethau wedi dangos, er bod symud ymlaen at destunau gwahanol yn fwy rheolaidd yn ymddangos yn anodd, y gallai wella eich adolygu'n sylweddol. Felly mae'n werth dyfalbarhau.

> **Cyngor**
> Weithiau, caiff hyn ei alw'n 'Rhyngblethu'.

» Ymarfer, ymarfer, ymarfer

Mae cwblhau cwestiynau ymarfer, yn enwedig cwestiynau enghreifftiol, yn rhoi cyfle i chi ddefnyddio eich gwybodaeth a gwirio bod eich adolygu'n gweithio. Os ydych chi'n treulio llawer o amser yn adolygu ond yn gweld na allwch chi ateb y cwestiynau arholiad, mae rhywbeth o'i le ar eich techneg adolygu a dylech chi roi cynnig ar un wahanol. Mae enghreifftiau o gwestiynau ymarfer ar gael ar dudalennau 98–102 ac ar y we.

Mae sawl ffordd wahanol o geisio ateb cwestiynau arholiad enghreifftiol.

Defnyddio nodiadau i gwblhau'r cwestiynau

Efallai fod hyn yn teimlo ychydig bach fel twyllo, ond mae'n adolygu gweithredol da a bydd yn dangos i chi a oes angen gwella agweddau ar eich nodiadau.

Cwblhau cwestiynau ar destun penodol

Ar ôl adolygu maes testun, cwblhewch gyn-gwestiynau arholiad ar y testun hwnnw heb ddefnyddio eich nodiadau. Os gwelwch chi fod eich atebion yn anghywir, ewch dros eich nodiadau unwaith eto cyn dod yn ôl i gwblhau cwestiynau am y testun hwn yn nes ymlaen. Ailadroddwch y broses hon nes eich bod chi'n ateb pob cwestiwn yn gywir yn gyson. Anodwch eich nodiadau adolygu â phwyntiau o'r cynlluniau marcio. Mae rhagor o fanylion am ddefnyddio cynlluniau marcio ar dudalennau 47–48.

Cwblhau cwestiynau ar destun dydych chi ddim wedi'i adolygu'n llawn eto

Bydd hyn yn dangos i chi pa feysydd yn y testun rydych chi'n eu gwybod yn barod, a pha rai mae angen i chi weithio arnyn nhw. Yna, gallwch chi adolygu'r testun a mynd yn ôl a chwblhau'r cwestiwn eto i wirio eich bod chi wedi llwyddo i lenwi'r bylchau yn eich gwybodaeth.

Cwblhau cwestiynau o dan amodau arholiad

Tua diwedd eich cyfnod adolygu, pan fyddwch chi'n gyfforddus â'r testunau, cwblhewch amrywiaeth o gwestiynau o dan amodau arholiad wedi'u hamseru. Mae hyn yn golygu mewn distawrwydd, heb ddim byd i dynnu eich sylw a heb ddefnyddio nodiadau na gwerslyfrau.

Mae'n bwysig cwblhau o leiaf rhai gweithgareddau wedi'u hamseru o dan amodau arholiad. Pwrpas hyn yw i'ch paratoi chi ar gyfer yr arholiad. Cofiwch, os treuliwch chi amser yn chwilio am atebion, yn siarad, yn edrych ar eich ffôn ac ati, chewch chi ddim syniad cywir o'r amseru.

Gwnewch yn siŵr bob tro eich bod chi'n gadael digon o amser i ailedrych ar eich atebion. Yn aml, bydd myfyrwyr yn colli llawer o farciau drwy wneud camgymeriadau gwirion, yn enwedig wrth gyfrifo. Gallwch chi osgoi'r rhain drwy wneud yn siŵr eich bod chi'n gwirio pob ateb yn drwyadl.

Wrth weithio tuag at gwblhau arholiad wedi'i amseru, gall fod yn ddefnyddiol dechrau drwy amseru un neu ddau gwestiwn er mwyn dod i arfer â pha mor gyflym dylech chi fod yn eu hateb nhw. Yna, gallwch chi weithio'n araf tuag at gwblhau papurau llawn yn yr amser a fyddai gennych chi yn yr arholiad go iawn. Nodwch unrhyw feysydd lle rydych chi'n gweld eich bod chi'n treulio gormod o amser a chwiliwch am ffyrdd o wella.

Mae adolygu effeithiol yn gwbl hanfodol os ydych chi am lwyddo mewn TGAU Gwyddoniaeth. Dim ond drwy adolygu'n effeithiol ac yn drwyadl y gallwch chi sicrhau eich bod chi'n deall y cynnwys i gyd yn llawn ac yn gyflawn.

> **Cyngor**
>
> Fel canllaw i amseru, gallwch chi gyfrifo faint o farciau dylech chi fod yn eu hennill bob munud yn ddelfrydol. I wneud hyn, rhannwch gyfanswm nifer y marciau sydd ar gael â'r amser sydd gennych chi yn yr arholiad. Bydd hyn yn rhoi syniad i chi pa gwestiynau i roi mwy o amser iddyn nhw, ond nid yw'n ganllaw perffaith oherwydd bydd rhai cwestiynau'n cymryd mwy o amser na'i gilydd, yn enwedig y cwestiynau mwy cymhleth sy'n aml tua diwedd y papur arholiad.

5 Sgiliau arholiad

Dim ond rhan o lwyddo mewn TGAU yw dysgu cynnwys y fanyleb Bioleg. Mae'n rhaid i chi hefyd ddatblygu eich sgiliau arholiad i sicrhau y cewch chi'r marciau uchaf posibl. Mae hyn yn cynnwys paratoi'n llawn cyn yr arholiad, gwybod pa fathau o gwestiynau a geiriau gorchymyn sy'n cael eu defnyddio er mwyn gwybod beth i'w wneud, a phethau syml fel gwirio eich atebion.

❯❯ Cyngor cyffredinol

Cyn yr arholiad

Manylion penodol yr arholiad

Mae'n bwysig iawn eich bod chi'n gwbl ymwybodol o holl fanylion penodol eich arholiad ymhell cyn y diwrnod ei hun. Dylai eich athro ddweud wrthoch chi ar ddechrau'r cwrs, ond os nad ydych chi'n siŵr, cofiwch ofyn.

Dylech chi hefyd wybod bod gan y rhan fwyaf o fyrddau arholi wahanol fanylebau TGAU. Mae angen i chi gael gwybod pa gymhwyster rydych chi'n ei astudio – er enghraifft, ydych chi'n gwneud cymhwyster gwyddoniaeth gyfunol fel Dyfarniad Dwyradd neu Radd Unigol, neu ydych chi'n gwneud tri phwnc gwyddoniaeth ar wahân.

Dylech chi lawrlwytho copi o fanyleb TGAU Bioleg CBAC. Bydd y ddogfen hon ar gael am ddim ar wefan y bwrdd arholi. Caiff manylebau eu hysgrifennu ar gyfer athrawon, felly dydyn nhw ddim bob amser yn arbennig o hawdd eu darllen. Y newyddion da yw nad oes angen i chi ddarllen drwy'r cyfan.

Dyma'r mathau o bethau mae angen i chi chwilio amdanyn nhw:

- sawl papur byddwch chi'n ei sefyll
- sut caiff y papurau eu rhannu (o ran marciau a chynnwys)
- pa mor hir mae pob papur yn para
- a oes unrhyw asesiadau eraill (er enghraifft mae ambell fwrdd arholi'n asesu gwaith ymarferol yn annibynnol).

Mae rhan cynnwys y pwnc y fanyleb hefyd yn ddefnyddiol i ddweud wrthoch chi am bopeth mae'n rhaid i chi ei wybod, ei ddeall a gallu ei wneud. Bydd llawer o ganllawiau adolygu, fel *Fy Nodiadau Adolygu*, yn darparu rhestri gwirio ar gyfer yr hyn mae angen i chi ei ddysgu, felly gallwch chi roi tic wrth y rhestr ar ôl ymgyfarwyddo â phob maes. Yn ogystal ag edrych ar y fanyleb a manylion y papur, mae'n gymorth mawr edrych ar unrhyw ddeunyddiau asesu enghreifftiol ar gyfer eich bwrdd arholi.

Deunyddiau asesu enghreifftiol

Mae deunyddiau asesu enghreifftiol a chyn-bapurau arholiad yn adnodd anhygoel o ddefnyddiol. Bydd cyn-bapurau'n dangos arddull y cwestiynau gallwch chi eu disgwyl. Ar gyfer pob papur, dylech chi hefyd wirio'r cynllun

★ **CBAC fydd eich bwrdd arholi os ydych chi'n astudio drwy gyfrwng y Gymraeg.**

Cyngor

Os ydych chi'n gwneud TGAU Bioleg yn hytrach na gwyddoniaeth gyfunol, gwnewch yn siŵr eich bod chi'n hollol ymwybodol o'r cynnwys ychwanegol sy'n rhan o TGAU Bioleg yn unig.

marcio i weld sut yn union caiff pob cwestiwn ei farcio. Byddwch chi'n gyfarwydd yn barod â sut caiff rhai cwestiynau eu marcio os byddwch chi wedi gweithio drwy adran Lythrennedd y llyfr hwn (gweler tudalen 45).

Mae'r deunyddiau hyn ar gael drwy wefan y bwrdd arholi, ond efallai na fydd y rhai mwyaf diweddar ar gael i'r cyhoedd gan eu bod nhw ar y wefan ddiogel. Gallwch chi ofyn i'ch athro eu llwytho nhw i lawr i chi, ond efallai y byddan nhw am eu cadw nhw i'w defnyddio yn y dosbarth neu i'w gosod fel gwaith cartref.

Yn ddelfrydol, dylech chi ddefnyddio'r cyn-bapurau i ymarfer ac adolygu, ac yna edrych ar y cynllun marcio ar ôl i chi ateb y cwestiynau i gyd i weld pa mor dda wnaethoch chi.

Mae cwestiynau ar gael o ffynonellau eraill hefyd:

- Cwestiynau arholiad o gyn-fersiynau o fanylebau — mae'r rhain fel arfer ar gael am ddim, ac mae'n debygol y bydd nifer mawr ohonyn nhw. Mae'r rhain yn gallu bod yn ddefnyddiol iawn oherwydd byddan nhw'n rhoi sylw i lawer o'r testunau a'r sgiliau sy'n cael eu hasesu yn y manylebau presennol. Fodd bynnag, mae angen i chi fod yn ofalus oherwydd bydd rhywfaint o'r cynnwys wedi newid, ac efallai y bydd arddulliau'r cwestiynau'n wahanol hefyd.
- Cwestiynau gan fyrddau arholi eraill — eto, mae'r rhain yn gallu bod yn ddefnyddiol os ydych wedi cwblhau'n barod yr holl gwestiynau sydd ar gael gan eich bwrdd chi. Bydd papurau arholiad y manylebau diweddar yn cynnwys mwy o'r cwestiynau arddull cymhwyso sy'n gyffredin yn y rhan fwyaf o fanylebau newydd. Fel yn achos yr hen fanylebau, mae angen i chi fod yn ofalus nad ydych chi'n dibynnu gormod ar yr adnoddau hyn, a'ch bod chi dim ond yn ateb cwestiynau sy'n cyfateb i gynnwys eich manyleb chi.

> **Cyngor**
> Mae cwestiynau ymarfer ar gyfer yr arholiad hefyd ar gael ar dudalennau 98–102 ac ar y we.

Cynllunio ymlaen

Mae arholiadau'n gallu achosi straen, felly mae'n bwysig iawn lleihau straen cymaint â phosibl ar y diwrnod. Gallwch chi wneud hyn mewn nifer o ffyrdd:

- Gwnewch yn siŵr bod yr holl gyfarpar sydd ei angen yn barod gennych chi mewn da bryd. Gallai fod yn werth pacio'r noson gynt, hyd yn oed. Mae hyn yn golygu trefnu eich beiros, pensiliau, prennau mesur, cyfrifiannell, etc. Gwnewch yn siŵr bod gennych chi un sbâr o bopeth, rhag ofn i unrhyw beth orffen neu dorri yn ystod yr arholiad.
- Gwnewch yn siŵr eich bod chi'n gwybod lle mae eich arholiad yn digwydd, a rhif eich sedd. Bydd llai o berygl i chi fynd i'r lleoliad anghywir. Bydd hefyd yn gwneud pethau'n llawer haws pan gyrhaeddwch chi'r arholiad.
- Gwnewch yn siŵr eich bod chi'n gwybod sut rydych chi'n mynd i deithio i'ch arholiad, a sicrhewch eich bod chi'n cynllunio i gyrraedd mewn da bryd. Byddai cael eich dal mewn traffig yn eich gwneud chi'n fwy pryderus ac yn ei gwneud hi'n anoddach perfformio ar eich gorau.
- Gwnewch yn siŵr eich bod chi'n cael digon o gwsg y noson cyn yr arholiad. Bydd hyn yn gwella eich gallu i ganolbwyntio yn eich arholiad. Dydy ceisio astudio popeth yn hwyr ar y noson cyn yr arholiad ddim yn effeithiol fel arfer (mae mwy o awgrymiadau am adolygu effeithiol ar dudalen 70).

Yn ystod yr arholiad
Rheoli amser

Mae rheoli amser mewn arholiadau'n hollbwysig. Fel rhan o'ch paratoadau, dylech chi fod wedi ymarfer cwblhau papurau arholiad yn yr amser sydd ar gael yn barod, a dylai fod gennych chi syniad bras o gyfradd 'marciau y funud'.

Mae'r pwyntiau canlynol yn rhoi mwy o gyngor am reoli amser yn yr arholiad.

- Cadwch lygad ar yr amser – peidiwch â phoeni gormod am y cloc ond gwnewch yn siŵr eich bod chi'n edrych arno'n rheolaidd i weld a ydych chi'n cadw'n agos at eich amseriadau. Mae angen i chi fod ychydig yn hyblyg rhag ofn i rai cwestiynau gymryd mwy neu lai o amser, ond os dechreuwch chi arafu, ceisiwch gyflymu.
- Peidiwch â threulio gormod o amser ar gwestiwn anodd – os dewch chi at gwestiwn felly, marciwch ef â seren (*), ewch ymlaen a dewch yn ôl ato ar y diwedd. Byddai'n fwy gwerthfawr treulio amser ar gwestiynau y byddai'n haws eu hateb.
- Gwnewch amser i ateb pob cwestiwn – yr unig ffordd sicr o gael dim marc am gwestiwn yw drwy ysgrifennu dim. Dylech chi geisio ateb pob cwestiwn, hyd yn oed os nad ydych chi'n gwybod lle i ddechrau. Ceisiwch nodi geiriau allweddol y pwnc – gallen nhw eich helpu i gofio ac ennill marc neu ddau.
- Gadewch amser i wirio eich atebion – mae hyn yn bwysig iawn, er nad yw'n llawer o hwyl. Yn aml, bydd ymgeiswyr yn colli marciau sylfaenol drwy wneud camgymeriadau amlwg fel methu gair allweddol, ysgrifennu'r llythyren anghywir neu gwblhau darn o gyfrifiad yn anghywir. Drwy wirio a chywiro, gallwch chi ennill marciau a allai wneud gwahaniaeth mawr.

Dangos eich gwaith cyfrifo

Mae arholwyr yn cwyno'n aml nad yw myfyrwyr yn dangos eu gwaith cyfrifo. Mae'n debygol bod hyn yn digwydd oherwydd bod myfyrwyr yn aml yn gwneud y cyfrifiad i gyd ar gyfrifiannell heb ystyried ysgrifennu'r camau maen nhw'n eu defnyddio i gyrraedd yr ateb. Drwy ddangos eich holl waith cyfrifo, gallwch chi ennill rhai marciau am eich dull hyd yn oed os yw eich ateb terfynol yn anghywir.

Gwirio eich atebion

Yn ogystal â dod o hyd i amser i wirio cywirdeb cyffredinol eich atebion, dylech chi wirio eich bod wedi sillafu'r geiriau i gyd yn gywir. Yn gyffredinol, os yw gair wedi'i gamsillafu'n ffonetig byddwch chi'n cael y marciau, ond dylech chi fod yn ofalus â geiriau allweddol a thermau technegol, rhag ofn.

Mae sillafu'n arbennig o bwysig os oes dau neu fwy o eiriau sy'n debyg i'w gilydd ond sy'n golygu pethau gwahanol iawn. Er enghraifft, mitosis a meiosis. Gallai sillafu un o'r geiriau hyn yn anghywir olygu eich bod chi'n colli marciau.

Felly, mae'n werth gwneud yn siŵr bod eich atebion yn glir ac yn hawdd eu darllen. Wnaiff yr arholwr ddim eich cosbi chi am lawysgrifen flêr, ond mae'n bwysig iawn ei fod yn gwybod beth rydych chi wedi'i ysgrifennu.

Trafferthion cyffredin eraill

Dyma sut mae marciau TGAU Bioleg yn cael eu colli'n ddiangen:

- Peidio ag ateb y cwestiwn – mae penderfynu beth i'w ysgrifennu'n gallu bod yn un o'r agweddau mwyaf heriol o ran ateb cwestiynau arholiad. Fodd bynnag, dim ond gwybodaeth berthnasol dylech chi ei hysgrifennu. Gwnewch yn siŵr eich bod chi'n darllen pob cwestiwn yn llawn er mwyn deall beth mae'r gair gorchymyn yn ei ofyn. Yn aml, bydd y cwestiwn yn rhoi gwybodaeth a chanllawiau defnyddiol i chi, a dylech chi gynnwys y rhain hefyd.
- Peidio ag ysgrifennu digon – weithiau, bydd gair neu frawddeg yn ddigon i ateb cwestiwn a chael y marciau. Fodd bynnag, os yw cwestiwn yn werth dau

> **Cyngor**
>
> Byddwch chi'n gweld mewn cynlluniau marcio enghreifftiol sut mae arholwyr yn rhoi marciau am ddwyn gwall ymlaen (neu DGY). Mae hon yn ffordd ddefnyddiol o weld sut gallwch chi ennill marciau hyd yn oed os ydych chi'n gwneud camgymeriad.

neu fwy o farciau, mae'n debygol y bydd angen i chi ysgrifennu ychydig bach mwy. Er enghraifft, os cewch chi gwestiwn am system cylchrediad y gwaed sy'n werth dau farc, efallai y bydd hi'n gywir dweud, 'Mae'r galon yn pwmpio gwaed', ond i gael y ddau farc, mae'n debygol y bydd angen i chi ysgrifennu rhywbeth llawnach, er enghraifft, 'Mae gwaed yn cael ei bwmpio allan o'r galon wrth i waliau'r fentriglau de a chwith gyfangu'.

- Ysgrifennu gormod – efallai eich bod chi'n awyddus i ysgrifennu popeth gallwch chi feddwl amdano ynglŷn â thestun, ond os nad yw'n berthnasol, chewch chi ddim marciau a byddwch wedi gwastraffu amser. Gallech chi hyd yn oed wneud eich ateb yn waeth oherwydd wrth i chi ysgrifennu mwy, byddwch chi'n fwy tebygol o ddweud rhywbeth sy'n anghywir neu byddwch chi'n eich gwrth-ddweud eich hun, a gallech chi golli marciau.
- Peidio â defnyddio geiriau allweddol – mae geiriau allweddol, neu dermau technegol, yn hanfodol bwysig ym maes bioleg. Yn aml, bydd cynlluniau marcio'n cynnwys geiriau allweddol sy'n gorfod bod mewn ateb er mwyn sgorio marc.

Cyngor

- Cofiwch fod rhai cwestiynau'n gallu cynnwys mwy nag un gair gorchymyn.
- Bydd nifer y llinellau sydd o dan y cwestiwn fel arfer yn rhoi syniad da i chi o faint mae disgwyl i chi ei ysgrifennu. Dydy hyn ddim yn berffaith gan fod maint llawysgrifen pobl yn amrywio, ond mae'n rhoi syniad da. Mae nifer y marciau hefyd yn bwysig – gofynnwch i chi eich hun ydych chi'n siŵr eich bod chi wedi cynnwys o leiaf yr un nifer o bwyntiau â nifer y marciau sydd ar gael.
- Wrth ateb cwestiynau mathemateg sy'n cynnwys cyfrifiad, mae hi'n anodd iawn ysgrifennu gormod, felly gwnewch yn siŵr eich bod chi'n ysgrifennu pob cam.
- Fel rhan o'ch gwaith adolygu, dylech chi fod yn gwneud rhestri o eiriau allweddol ac yn eu cofio nhw (er enghraifft, defnyddio cardiau fflach). Yna gallwch chi feddwl yn ôl dros y rhestri hyn yn yr arholiad a cheisio cofio unrhyw rai gallech chi eu cynnwys.

❯❯ Amcanion asesu

Mae'r pynciau y bydd bwrdd arholi'n gofyn amdanyn nhw yn seiliedig ar y fanyleb. Mae'r fanyleb hon hefyd yn amlinellu'r mathau o gwestiynau a all godi a chanran y marciau i bob math o gwestiwn. Mae amcanion asesu (AA) yn amlinellu sut caiff eich sgiliau a'ch gwybodaeth eu profi yn yr arholiad. Mae cwestiynau arholiad Bioleg yn ymwneud ag un o dri amcan asesu. Mae'r amcanion asesu hyn yr un fath ym mhob bwrdd arholi, ac maen nhw i'w gweld yn y tabl isod.

Tabl 5.1 Amcanion asesu

Amcan asesu	Pwysoliad bras %
AA1: Dangos gwybodaeth a dealltwriaeth o syniadau, prosesau, technegau a dulliau gweithredu gwyddonol.	40
AA2: Cymhwyso gwybodaeth a dealltwriaeth o syniadau, prosesau, technegau a dulliau gweithredu gwyddonol.	40
AA3: Dadansoddi, dehongli a gwerthuso gwybodaeth, syniadau a thystiolaeth wyddonol, yn cynnwys mewn perthynas â materion, er mwyn: llunio barn a dod i gasgliadau, datblygu a mireinio dylunio a gweithdrefnau ymarferol.	20

Cwestiynau AA1

Fel arfer, bydd cwestiynau AA1 yn ymwneud â galw ffeithiau i gof. Nifer bach o farciau sydd am y cwestiynau hyn fel arfer (oni bai bod y cwestiwn yn gofyn i chi gofio llawer o ffeithiau ar wahân).

Dyma gwestiwn AA1 nodweddiadol:

 Enghraifft wedi'i datrys

Mae celloedd procaryotig fel arfer yn llawer llai na chelloedd ewcaryotig. Nodwch un gwahaniaeth arall rhwng procaryotau ac ewcaryotau. [1]

Ateb model

Mae gan gelloedd ewcaryotig ddeunydd genynnol wedi'i gau mewn cnewyllyn, ond dydy deunydd genynnol celloedd procaryotig ddim wedi'i gau mewn cnewyllyn.

Fe welwch chi mai'r unig beth mae'r cwestiynau hyn yn gofyn i chi ei wneud yw nodi gwybodaeth, heb roi dim mwy o fanylion am y pwnc.

Cwestiynau AA2

Mae cwestiynau AA2 yn gofyn i chi gymhwyso eich gwybodaeth, ac yn aml yn canolbwyntio ar ddulliau arbrofol a chyfrifiadau. Mae'r mathau hyn o gwestiynau'n gallu cynnwys dehongli data o graffiau a thablau, a defnyddio modelau i esbonio ffenomenau. Dyma gwestiwn AA2 nodweddiadol:

 Enghraifft wedi'i datrys

Yn ystod ymchwiliad microbioleg mewn labordy ysgol, mae platiau agar wedi'u hinocwleiddio'n cael eu magu ar 25°C. Esboniwch pam mae'r tymheredd hwn yn cael ei ddewis.

Ateb model

Mae 25°C yn cael ei ddefnyddio oherwydd bydd micro-organebau'n tyfu ar y tymheredd hwn. Fodd bynnag, mae'n is na'r tymheredd optimwm ar gyfer twf pathogenau dynol, sy'n lleihau'r siawns y bydd y rhain yn tyfu.

Cwestiynau AA3

Dydy cwestiynau AA3 ddim mor gyffredin â chwestiynau AA1 nac AA2, ond yn aml y rhain yw'r cwestiynau mwyaf heriol yn yr arholiad, ac felly y rhain sydd â'r nifer mwyaf o farciau fel arfer. Efallai y bydd y cwestiynau hyn yn gofyn i chi ddadansoddi gwybodaeth a defnyddio'r dadansoddiad hwn i ddehongli, gwerthuso neu ffurfio casgliadau. Efallai y bydd angen i chi hefyd ddatblygu eich syniad neu eich rhagdybiaeth eich hun. Efallai y bydd cwestiynau AA3 yn cyfeirio at enghreifftiau newydd dydych chi ddim wedi'u gweld o'r blaen, ond mae'r cwestiynau hyn i gyd yn ymwneud â chymhwyso'r wybodaeth fydd wedi cael sylw yn eich cwrs mewn cyd-destun newydd. Dyma gwestiwn AA3 nodweddiadol:

Enghraifft wedi'i datrys

Mae ymchwiliad yn cael ei gynnal i gyfradd ffotosynthesis y planhigyn dyfrol *Elodea*. Mae'r gyfradd ffotosynthesis yn cael ei mesur drwy gyfrif nifer y swigod nwy sy'n cael eu rhyddhau mewn 5 munud.

Esboniwch pam nad yw hwn o reidrwydd yn ddull manwl gywir o fesur cyfradd ffotosynthesis, ac awgrymwch welliant.

Ateb model

Mae cyfaint swigod yn anhysbys, ac mae'n gallu bod yn anodd eu cyfrif nhw'n fanwl gywir. Un gwelliant fyddai defnyddio chwistrell nwy i gasglu'r ocsigen sy'n cael ei gynhyrchu. Byddai hyn yn caniatáu i chi gofnodi'n fanwl gywir beth yw cyfaint y nwy.

Cyngor

Mae'n bwysig iawn darllen cwestiynau AA1 yn llawn. Hyd yn oed os ydyn nhw'n ymddangos yn syml iawn, gallai fod manylion ychwanegol yn y cwestiwn. Yn yr enghraifft wedi'i datrys gyntaf hon, mae'r cwestiwn yn nodi'r gwahaniaeth maint, sy'n golygu nad oes modd rhoi hwn fel ateb. Efallai fod hyn yn swnio'n amlwg, ond mae'n syndod faint o fyfyrwyr sy'n colli marciau hawdd fel hyn.

Cyngor

Bydd cwestiwn AA2 cyffredin yn gofyn i chi ddisgrifio neu esbonio elfen ar weithgaredd ymarferol gofynnol.

Cyngor

Mae cwestiynau sy'n gofyn i chi awgrymu gwelliant i ddull arbrofol yn fath cyffredin o gwestiwn AA3.

» Geiriau gorchymyn

Dylech chi fod wedi gweld geiriau gorchymyn yn barod yn adrannau Llythrennedd a Sgiliau Adolygu y llyfr hwn. Geiriau gorchymyn yw'r geiriau a'r brawddegau sy'n cael eu defnyddio mewn arholiadau i ddweud wrthoch chi sut i ateb cwestiwn a pha amcan asesu maen nhw'n ei brofi. Er enghraifft, mae 'Nodwch' ac 'Enwch' fel arfer yn arwydd o gwestiynau AA1; mae 'Esboniwch' a 'Cyfrifwch' fel arfer yn arwydd o gwestiynau AA2; ac mae 'Cyfiawnhewch' ac 'Amlinellwch' fel arfer yn arwydd o gwestiynau AA3. Mae'r canlynol yn ganllaw i'r geiriau gorchymyn mwyaf cyffredin a beth maen nhw'n gofyn i chi ei wneud, gydag atebion model i bob un.

> **Cyngor**
> Ar ddiwedd y llyfr, mae rhestr o eiriau gorchymyn a'u hystyron.

Gair gorchymyn: Cyfrifwch

Mae cwestiynau 'Cyfrifwch' yn gofyn i chi ddefnyddio rhifau neu ddata sydd wedi'u rhoi yn y cwestiwn i ddod o hyd i ateb.

> **Cyngor**
> Rydyn ni'n argymell eich bod chi'n defnyddio cyfrifiannell wrth ateb cwestiwn 'Cyfrifwch'. Hyd yn oed os yw'n gyfrifiad syml y gallwch chi ei wneud yn eich pen, mae'n syniad da gwirio eich ateb â chyfrifiannell.

 Enghraifft wedi'i datrys

Defnyddiwch yr hafaliad chwyddhad isod i gyfrifo chwyddhad llun o sgorpion sy'n edrych yn 21 cm o hyd os yw'r sgorpion yn 7 cm o hyd mewn gwirionedd.

Chwyddhad = maint y ddelwedd ÷ maint y gwrthrych

Ateb model

Chwyddhad = 21 ÷ 7 = 3 gwaith

Yn yr ateb model hwn, mae'r rhifau wedi'u hamnewid yn gywir yn yr hafaliad chwyddhad, ac mae'r ateb wedi'i gyfrifo'n gywir. Cofiwch wirio pob cwestiwn cyfrifo i sicrhau nad oes dim camgymeriadau yn eich gwaith cyfrifo.

Gair gorchymyn: Dewiswch

Mae'r gair gorchymyn 'Dewiswch' yn gofyn i chi ddewis un o wahanol ddewisiadau sydd wedi'u rhoi yn y cwestiwn. Gwnewch yn siŵr eich bod chi'n dewis un o'r dewisiadau sydd wedi'u rhoi.

> **Cyngor**
> Mae'n bwysig dangos eich holl waith wrth ateb cwestiynau cyfrifo. Fel yna, os yw eich ateb yn anghywir, gallwch chi ennill rhai marciau beth bynnag am y dull.

 Enghraifft wedi'i datrys

Pa un o'r mathau canlynol o gellraniad sy'n cael ei ddefnyddio i gynhyrchu gametau mewn bodau dynol?

Dewiswch un o'r atebion hyn: mitosis, meiosis, ymholltiad deuaidd, blaguro.

Ateb model

Meiosis

Mae'r ateb model hwn wedi dewis yr opsiwn cywir, a does dim angen unrhyw wybodaeth ychwanegol. Mae meiosis yn haneru nifer y cromosomau, felly pan fydd y gametau'n asio yn ystod ffrwythloniad, bydd y nifer llawn o gromosomau yno unwaith eto.

Gair gorchymyn: Cymharwch

I ateb cwestiwn 'Cymharwch', mae angen i chi ddisgrifio sut mae pethau'n debyg a/neu yn wahanol i'w gilydd. Yr hyn sy'n allweddol wrth ateb cwestiynau 'Cymharwch' yw sicrhau eich bod chi'n cynnwys datganiadau sy'n cymharu, er enghraifft, 'Mae gan gelloedd planhigyn gellfur ond does gan gelloedd anifail ddim.' Mae hwn yn ddatganiad sy'n cymharu gan ei fod yn sôn am ddau fath o gell a'r gwahaniaethau rhwng y ddau fath, nid dim ond sôn am nodweddion un.

Enghraifft wedi'i datrys

Cymharwch swyddogaethau fentriglau chwith a de'r galon.

Ateb model

Mae'r fentrigl de'n pwmpio gwaed i'r ysgyfaint ac mae'r fentrigl chwith yn pwmpio gwaed i weddill y corff.

Mae'r ateb model hwn yn cynnwys datganiad cymharol ynglŷn â swyddogaethau'r fentriglau chwith a de, gan nodi'n glir beth yw'r gwahaniaeth rhwng y ddau.

Gair gorchymyn: Cwblhewch

Mae cwestiwn 'Cwblhewch' yn gofyn i chi gwblhau rhywbeth sydd wedi cael ei ddechrau'n barod yn y man priodol. Gallai fod yn ddiagram, yn fylchau mewn brawddeg neu'n fylchau mewn tabl. Gwnewch yn siŵr eich bod chi'n ysgrifennu'r ateb yn y mannau cywir ac nid yn rhywle arall.

Enghraifft wedi'i datrys

Defnyddiwch y geiriau allweddol isod i gwblhau'r datganiad canlynol.

Mae .... y gell yn cynnwys .... sydd wedi'u gwneud o foleciwlau ....

cromosomau / cnewyllyn / DNA / genyn

Ateb model

Mae cnewyllyn y gell yn cynnwys cromosomau sydd wedi'u gwneud o foleciwlau DNA.

Mae'r ateb model hwn wedi llenwi pob bwlch yn gywir. Roedd y cwestiwn cyfan yn cynnwys mwy o eiriau allweddol nag o fylchau atebion, sy'n golygu nad oedd angen defnyddio un o'r geiriau. Yn yr achos hwn, ni chafodd y term 'genyn' ei ddefnyddio – er ei fod yn rhan o'r un maes testun, nid oedd yn gwneud synnwyr yn unrhyw un o'r bylchau.

Gair gorchymyn: Diffiniwch

Mae cwestiynau 'Diffiniwch' yn gofyn i chi nodi beth yw ystyr rhywbeth. Fel arfer, bydd angen i chi ddiffinio gair neu derm allweddol, felly mae'n bwysig iawn dysgu diffiniadau pob gair allweddol a therm allweddol yn gywir.

Enghraifft wedi'i datrys

Diffiniwch y term 'bôn-gell'.

Ateb model

Celloedd sydd heb wahaniaethu yw bôn-gelloedd, ac maen nhw'n gallu ffurfio llawer mwy o gelloedd o'r un math, a gwahaniaethu i ffurfio rhai celloedd eraill.

Mae'r ateb model hwn yn rhoi diffiniad da o'r term 'bôn-gell' ac yn gwneud mwy na nodi mai celloedd heb wahaniaethu ydyn nhw. Y ddau derm allweddol yn yr ateb yw 'heb wahaniaethu' a 'gwahaniaethu i ffurfio'.

GEIRIAU GORCHYMYN

Gair gorchymyn: Disgrifiwch

Mae cwestiynau 'Disgrifiwch' yn gofyn i chi gofio ffeithiau, digwyddiadau neu brosesau, ac ysgrifennu amdanyn nhw mewn ffordd gywir. Dim ond disgrifiad sydd ei angen ar gyfer y gair gorchymyn hwn; hynny yw, does dim angen esbonio pam mae rhywbeth yn digwydd. Mae mwy o fanylion am sut i ateb cwestiynau 'Disgrifiwch' ar dudalennau 48–49.

Cyngor
Mae cymysgu'r termau 'Disgrifiwch' ac 'Esboniwch' yn gamgymeriad cyffredin – gwnewch yn siŵr eich bod chi'n darllen pob cwestiwn yn ofalus. Cofiwch fod 'Esboniwch' fel arfer yn golygu bod angen i chi ymhelaethu yn eich ateb.

Gair gorchymyn: Lluniwch

Mae cwestiynau 'Lluniwch' yn gofyn i chi amlinellu sut caiff rhywbeth ei wneud. Fel arfer, bydd hyn yng nghyd-destun llunio arbrawf. Mae mwy o wybodaeth am sut i ateb cwestiynau 'Lluniwch' ar dudalen 52.

Gair gorchymyn: Darganfyddwch

Mae cwestiynau 'Darganfyddwch' yn gofyn i chi ddefnyddio data neu wybodaeth sydd wedi'u rhoi i gael ateb i'r cwestiwn dan sylw.

  Enghraifft wedi'i datrys

Mewn ymchwiliad i gyfradd resbiradu, mae grŵp o organebau'n derbyn 30 cm^3 o ocsigen mewn 1 awr.

Darganfyddwch gyfradd mewnlifiad ocsigen i'r organebau. Rhowch eich ateb mewn cm^3/mun.

Ateb model

Cyfradd mewnlifiad ocsigen mewn cm^3/mun = 30 ÷ 60 = 0.5 cm^3/mun

Mae'r ateb model hwn yn defnyddio'r data cywir o'r cwestiwn, ac yn defnyddio'r cyfrifiad iawn i gyfrifo'r gyfradd. I ddarganfod y gyfradd, mae angen rhannu cyfaint yr ocsigen sy'n cael ei gynhyrchu â'r amser mae'n ei gymryd. Gan ei fod yn gofyn i chi roi'r gyfradd mewn cm^3/mun, yn gyntaf mae angen i chi drawsnewid yr amser o oriau i funudau (mae hyn yn rhoi amser o 60 munud).

Cyngor
Dydy pob cwestiwn 'Darganfyddwch' ddim yn cynnwys cyfrifiad – gallai ofyn i chi roi ateb ysgrifenedig. Un enghraifft bosibl o hyn fyddai darganfod canlyniadau ymchwiliad neu effaith proses.

Gair gorchymyn: Lluniadwch

Mae cwestiynau 'Lluniadwch' yn gofyn i chi gynhyrchu diagram – neu ychwanegu ato. Y prif beth yma yw sicrhau bod eich lluniadau mor glir a thaclus â phosibl.

  Enghraifft wedi'i datrys

Lluniadwch ddiagram o gell wreiddflew sy'n dangos sut mae hi wedi addasu i'w swyddogaeth.

Ateb model

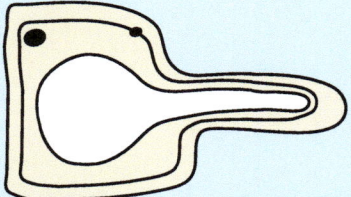

Mae'r ateb model hwn yn lluniad clir sy'n dangos arwynebedd arwyneb mawr y gell wreiddflew. Mae'r arwynebedd arwyneb mawr yn ei galluogi hi i wneud ei swyddogaeth ac amsugno dŵr ac ïonau mwynol o'r pridd.

Cyngor
Mae gofynion cwestiynau 'Lluniadwch' yn debyg iawn i gwestiynau 'Brasluniwch' (gweler tudalen 96).

Gair gorchymyn: Amcangyfrifwch

Mae cwestiynau 'Amcangyfrifwch' yn gofyn i chi roi gwerth bras i rywbeth. Does dim rhaid i amcangyfrifon roi'r union werth cywir, ond dylen nhw fod yn weddol agos at yr ateb cywir. Mae rhagor o wybodaeth am amcangyfrif ar dudalen 12.

A Enghraifft wedi'i datrys

Mae'r graff isod yn dangos canlyniadau ymchwiliad i effaith crynodiadau hydoddiant swcros gwahanol ar y newid i fàs sampl taten.

Defnyddiwch y graff i amcangyfrif crynodiad y swcros sy'n achosi dim newid i fàs y daten.

Ateb model

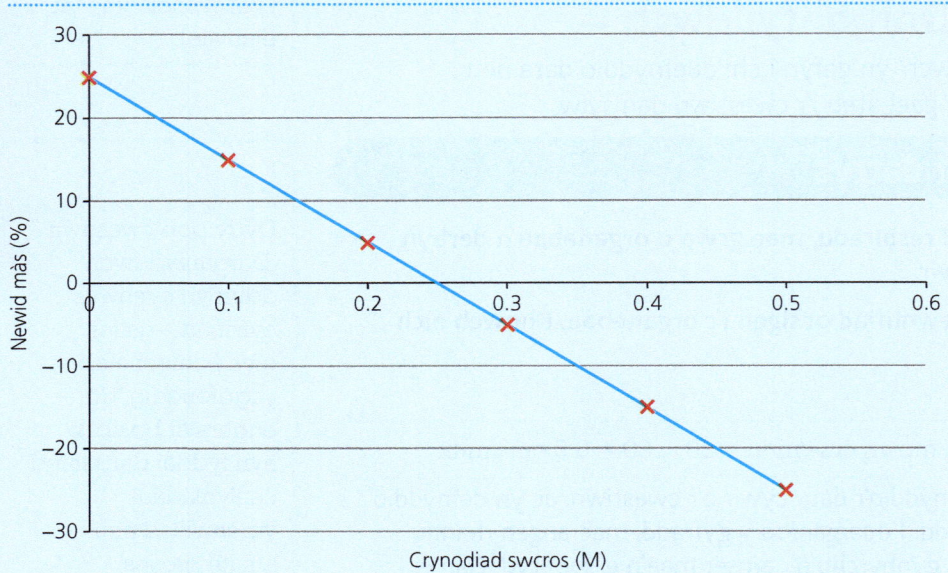

Does dim newid yn y màs ar grynodiad swcros o 0.25 M.

Mae hwn yn ateb model oherwydd dyma'r pwynt lle mae'r llinell ffit orau'n croesi'r echelin x, sy'n dangos dim newid màs. Amcangyfrif yw hwn oherwydd y llinell ffit orau, sef amcangyfrif o duedd y canlyniadau, sy'n cael ei defnyddio i ganfod yr ateb.

Cyngor

Fel arfer, ni fydd cwestiynau 'Amcangyfrifwch' yn cael eu gofyn os yw'r wybodaeth sydd wedi'i rhoi yn eich galluogi chi i gyfrifo'r union ateb. Fodd bynnag, os ydych chi'n gallu cyfrifo'r union ateb ac yn gwneud hynny, chewch chi ddim eich cosbi.

Gair gorchymyn: Gwerthuswch

I ateb cwestiwn 'Gwerthuswch', dylech chi ddefnyddio gwybodaeth sydd yn y cwestiwn, a'r hyn rydych chi'n ei wybod, i ystyried tystiolaeth o blaid ac yn erbyn. Fel arfer, caiff y gair gorchymyn hwn ei ddefnyddio mewn cwestiynau atebion hirach, a dylech chi sicrhau eich bod chi'n rhoi pwyntiau o blaid ac yn erbyn y syniad mae gofyn i chi ei werthuso. Mae mwy o wybodaeth am sut i ateb cwestiynau 'Gwerthuswch' ar dudalen 56.

Gair gorchymyn: Esboniwch

Mae cwestiynau 'Esboniwch' yn gofyn i chi wneud rhywbeth yn glir, neu nodi'r rhesymau pam mae rhywbeth yn digwydd. Sylwch ar y gwahaniaeth rhwng y gair gorchymyn hwn a 'Disgrifiwch'. 'Esboniwch' yw *pam* mae rhywbeth yn digwydd, a 'Disgrifiwch' yw *beth* sy'n digwydd. Mae mwy o wybodaeth am sut i ateb cwestiynau 'Esboniwch' ar dudalen 50.

Gair gorchymyn: Rhowch

Dim ond ateb byr sydd ei angen i gwestiwn 'Rhowch', fel enw proses neu ffurfiad. Does dim angen esboniad na disgrifiad.

Enghraifft wedi'i datrys

Mae smotyn du rhosod yn glefyd ffwngaidd sy'n effeithio ar blanhigion. Rhowch ddwy ffordd bosibl o ledaenu smotyn du rhosod.

Ateb model

Gwynt a dŵr

Mae'r ateb model hwn yn rhoi'r ddau ddull o ledaenu'r clefyd. Mae'r ateb yn fyr iawn, ond gan mai cwestiwn 'Rhowch' yw hwn, does dim angen esboniad na disgrifiad pellach.

Gair gorchymyn: Nodwch (*Identify*)

Mae cwestiwn 'Nodwch' yn gofyn i chi enwi rhywbeth neu nodi beth ydyw mewn ffordd arall. Gallai hyn olygu enwi organeb, ffurfiad neu broses, neu ddewis o blith dewisiadau sydd wedi'u rhoi, er enghraifft nodi'r canlyniad afreolaidd mewn tabl.

Enghraifft wedi'i datrys

Mae'r diagram isod yn dangos math o gell.

Nodwch y math hwn o gell.

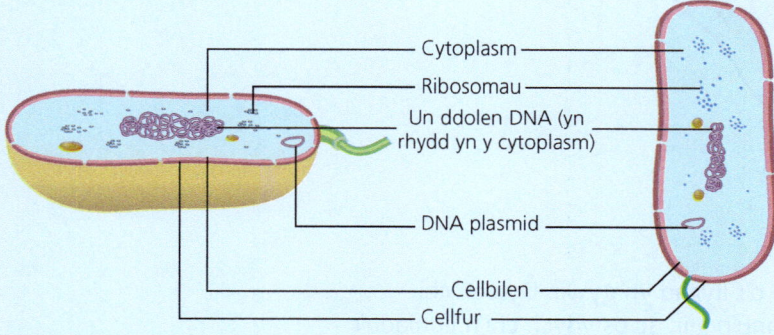

Ateb model

Cell procaryot

Mae'r ateb model hwn yn enwi'r gell yn gywir – y nodwedd sy'n ein galluogi ni i adnabod y gell yw'r ffaith nad yw DNA y gell y tu mewn i'r cnewyllyn. Fel yn achos cwestiynau 'Rhowch', fel arfer gall atebion i gwestiynau 'Nodwch' fod yn fyr iawn ac yn gryno.

Gair gorchymyn: Cyfiawnhewch

Mae cwestiynau 'Cyfiawnhewch' yn gofyn i chi ddefnyddio tystiolaeth o'r wybodaeth sydd wedi'i rhoi i chi i gefnogi ateb. Wrth ateb cwestiynau 'Cyfiawnhewch', mae'n bwysig gwneud yn siŵr eich bod chi'n defnyddio'r wybodaeth sydd wedi'i rhoi yn y cwestiwn yn llawn. Mae mwy o wybodaeth am sut i ateb cwestiynau 'Cyfiawnhewch' ar dudalen 54.

Gair gorchymyn: Labelwch

Mae cwestiwn 'Labelwch' yn gofyn i chi roi enwau priodol ar ddiagram. Fel arfer, bydd llinellau labeli wedi'u tynnu ar y diagram yn barod i chi eu cwblhau, ond efallai y bydd angen i chi dynnu'r llinellau hefyd.

A Enghraifft wedi'i datrys

Labelwch y diagram o'r llygad isod.

Ateb model

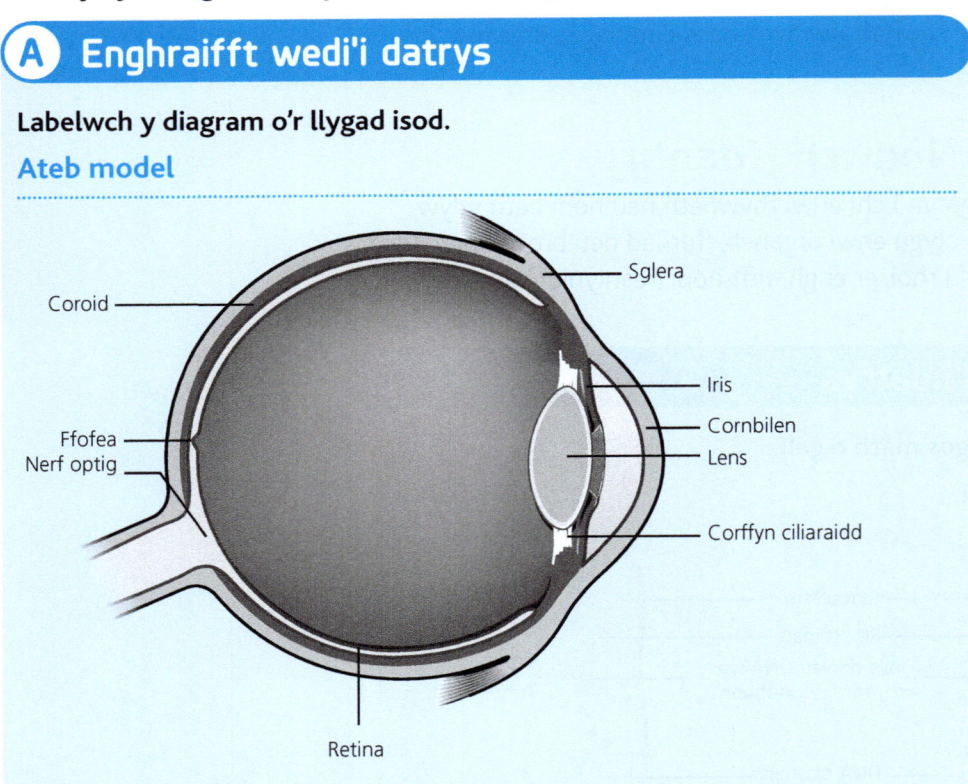

Mae'r ateb model hwn wedi labelu pob rhan o'r llygad yn gywir. Dylech chi sicrhau bod eich labeli i gyd wedi'u hysgrifennu'n glir, ac os ydych chi'n lluniadu'r llinellau labelu eich hun, bod y llinellau'n pwyntio'n glir at y ffurfiad rydych chi'n ei labelu.

GEIRIAU GORCHYMYN

Gair gorchymyn: Mesurwch

Mae cwestiynau 'Mesurwch' yn gofyn i chi ddod o hyd i eitem o ddata ar gyfer mesur penodol, ac fel arfer bydd hyn yn golygu defnyddio diagram i ddarganfod gwerth.

 Enghraifft wedi'i datrys

Mae'r cyfarpar isod yn cael ei ddefnyddio mewn ymchwiliad i effaith tymheredd ar gyfradd trydarthu mewn planhigyn. Ar ddechrau'r ymchwiliad, mae'r swigen ar 10 mm ar y raddfa. Mae'r diagram yn dangos y cyfarpar ar ôl i'r ymchwiliad gael ei gynnal am 20 munud.

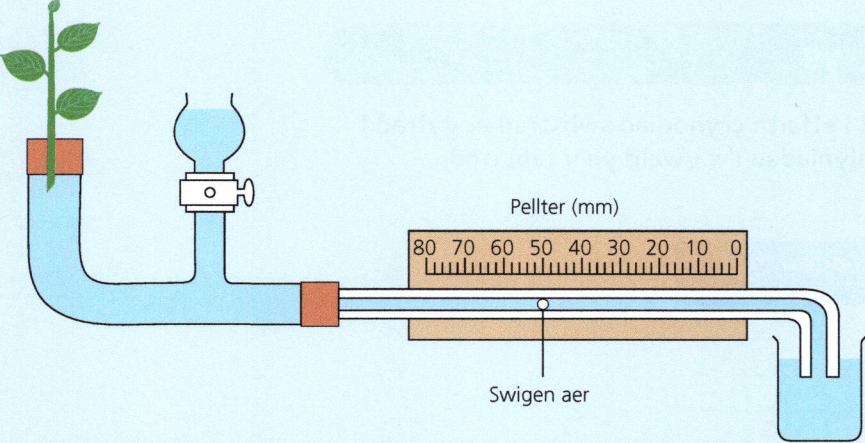

Mesurwch y pellter mae'r swigen wedi symud mewn 20 munud.

Ateb model

$50 - 10 = 40$ mm

Mae'r ateb model hwn wedi darllen y gwerth oddi ar y diagram yn gywir, ac wedi gwneud y cyfrifiad i gyfrifo cyfanswm pellter teithio'r swigen yn gywir. Mae'r swigen ar 50 mm ar ôl 20 munud. Dechreuodd y swigen ar 10 mm, felly mae'r swigen wedi teithio cyfanswm o 40 mm.

Gair gorchymyn: Enwch

Dim ond ateb byr sydd ei angen i gwestiynau sy'n gofyn i chi 'Enwi' rhywbeth – dim esboniad na disgrifiad.

 Enghraifft wedi'i datrys

Mewn ymchwiliad i gludiant yng ngwreiddiau planhigyn, mae ïon mwynol yn cael ei weld yn symud o grynodiad isel yn y pridd i grynodiad uchel yn y gell wreiddflew.

Enwch y math o gludiant sy'n symud yr ïon mwynol.

Ateb model

Cludiant actif

Mae'r ateb model hwn yn gryno ac yn gywir. Yn aml, bydd ateb cwestiwn 'Enwch' yn un gair neu'n frawddeg fer. Cludiant actif yw'r unig fath o gludiant lle mae ïonau (neu foleciwlau) yn symud o grynodiad isel i grynodiad uchel.

Gair gorchymyn: Cynlluniwch

Fel arfer, bydd cwestiwn 'Cynlluniwch' yn gofyn i chi ysgrifennu dull. Dylech chi ysgrifennu pwyntiau clir a chryno ynglŷn â sut i gynnal yr ymchwiliad ymarferol. Mae mwy o wybodaeth am sut i ateb cwestiynau 'Cynlluniwch' ar dudalen 52.

Gair gorchymyn: Plotiwch

Bydd cwestiwn 'Plotiwch' yn gofyn i chi farcio ar graff gan ddefnyddio data sydd wedi'u rhoi. Byddwch yn ofalus wrth blotio pwyntiau neu luniadu barrau, oherwydd bydd yr arholwr yn gwirio pob un. Mae rhagor o wybodaeth am blotio graffiau ar dudalennau 32–35.

A Enghraifft wedi'i datrys

Mae ymchwiliad yn cael ei gynnal i effaith crynodiad swbstrad ar gyfradd adwaith yr ensym lipas. Mae'r canlyniadau i'w gweld yn y tabl isod.

Plotiwch y data ar graff.

Crynodiad lipid (%)	Cyfradd yr adwaith (1/amser)
10	0.10
20	0.15
30	0.20
40	0.40
50	0.80

Ateb model

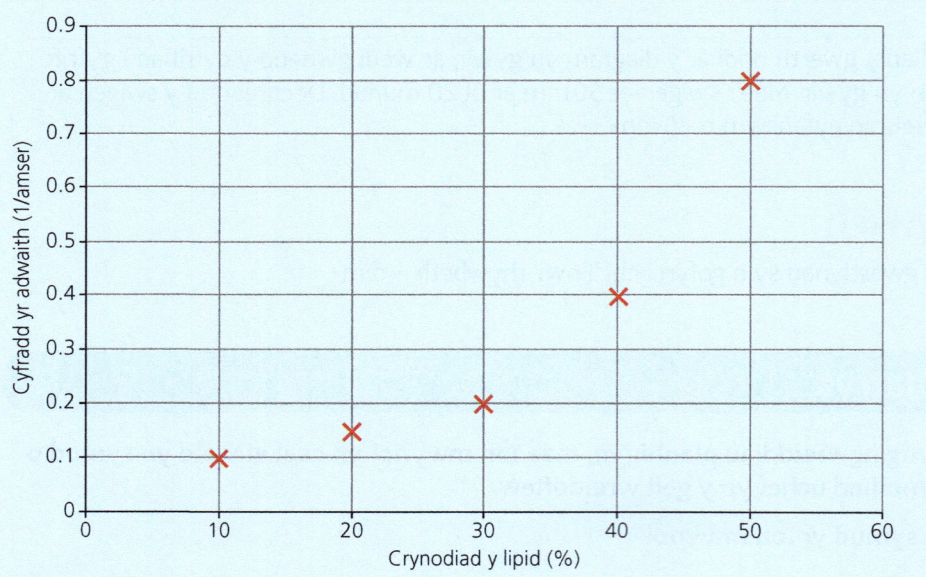

Mae'r ateb model hwn wedi labelu a lluniadu'r ddwy echelin yn gywir, a phlotio holl bwyntiau'r graff yn gywir.

Cyngor

Ar ôl plotio pwyntiau ar graff, efallai y bydd gofyn i chi dynnu llinell ffit orau. Gall hon fod yn llinell syth neu'n llinell grom.

Gair gorchymyn: Rhagfynegwch

Mae cwestiwn 'Rhagfynegwch' yn gofyn i chi roi canlyniad credadwy. Mae hyn yn golygu defnyddio eich gwybodaeth wyddonol i roi'r canlyniad mwyaf tebygol i sefyllfa. Yn gyffredinol, bydd yn ganlyniad eithaf syml ac amlwg, felly ni ddylai fod angen i chi ragfynegi unrhyw beth rhyfedd nac anarferol.

 Enghraifft wedi'i datrys

Mae ymchwiliad yn cael ei gynnal i effaith tymheredd ar yr ensym dynol pepsin. Mae cyfradd adwaith pepsin yn cael ei fesur ar amrediad tymheredd o 10 °C i 50 °C. Rhagfynegwch sut byddai cyfradd adwaith pepsin yn newid dros yr amrediad tymheredd hwn.

Ateb model

Byddai cyfradd adwaith pepsin yn cynyddu i ddechrau wrth i'r tymheredd gynyddu. Byddai'r cynnydd yn parhau hyd at dymheredd optimwm pepsin – byddai hwn tua 37 °C gan mai dyma dymheredd y corff dynol. Ar y tymheredd optimwm, byddai cyfradd yr adwaith ar ei huchaf. Wrth i'r tymheredd gynyddu dros yr optimwm, byddai cyfradd yr adwaith yn lleihau wrth i'r pepsin ddechrau dadnatureiddio.

Mae'r ateb model hwn yn rhagfynegi'n llawn sut byddai cyfradd yr adwaith yn amrywio dros yr amrediad tymheredd sydd wedi'i roi yn y cwestiwn. Hyd yn oed os nad oedd y myfyriwr yn gwybod am yr ensym pepsin, mae wedi defnyddio'r wybodaeth yn y cwestiwn – yn enwedig y ffaith mai ensym dynol yw pepsin – i wneud rhagfynegiad rhesymegol sydd wedi'i ategu gan wybodaeth wyddonol.

Gair gorchymyn: Dangoswch

Mae cwestiynau 'Dangoswch' yn gofyn i chi roi tystiolaeth i ddod i gasgliad. I ateb y mathau hyn o gwestiynau, fel arfer byddai angen i chi ddefnyddio gwybodaeth sydd wedi'i rhoi yn y cwestiwn yn eich ateb.

 Enghraifft wedi'i datrys

Mae llygredd gan wrteithiau a charthion yn gallu achosi gostyngiad yng nghrynodiad ocsigen sydd wedi hydoddi mewn llyn. Mae'r tabl isod yn dangos effaith gwahanol grynodiadau ocsigen sydd wedi hydoddi (mewn rhannau y filiwn, ppm) ar bysgod.

Crynodiad yr ocsigen sydd wedi hydoddi	Effaith ar boblogaeth pysgod
< 3 ppm	Pysgod yn methu goroesi.
3–6 ppm	Pysgod yn gallu goroesi am gyfnodau byr ond yn methu atgenhedlu.
6–10 ppm	Pysgod yn gallu goroesi ac atgenhedlu.

Yn llyn A, roedd crynodiad cyfartalog yr ocsigen wedi hydoddi yn 5 ppm, ac yn llyn B roedd crynodiad cyfartalog yr ocsigen wedi hydoddi yn 7 ppm. Dangoswch sut mae crynodiadau'r ocsigen sydd wedi hydoddi yn y ddau lyn hyn yn gallu ein helpu ni i asesu gallu'r ddau lyn i gynnal poblogaeth o bysgod.

Ateb model

Mae llyn A yn annhebygol o allu cynnal poblogaeth o bysgod, oherwydd bod crynodiad cyfartalog yr ocsigen wedi hydoddi yn 5 ppm sy'n golygu mai dim ond am gyfnodau byr gall pysgod oroesi, ac na allan nhw atgenhedlu. Byddai llyn B yn gallu cynnal poblogaeth o bysgod gan fod crynodiad cyfartalog yr ocsigen wedi hydoddi yn 7 ppm, sy'n golygu y bydd pysgod yn gallu goroesi ac atgenhedlu yn y llyn.

Mae'r ateb model hwn yn defnyddio tystiolaeth o'r tabl yn y cwestiwn i ffurfio casgliad cywir.

Gair gorchymyn: Brasluniwch

Mae cwestiynau 'Brasluniwch' yn gofyn i chi wneud lluniad bras o rywbeth. Fodd bynnag, mae angen i frasluniau fod mor daclus a chlir â phosibl. Bydd y rhan fwyaf o gwestiynau braslunio yn gofyn i chi luniadu graffiau.

A Enghraifft wedi'i datrys

Defnyddiwch yr echelinau isod i fraslunio graff i ddangos effaith newid crynodiad carbon deuocsid ar gyfradd ffotosynthesis.

Ateb model

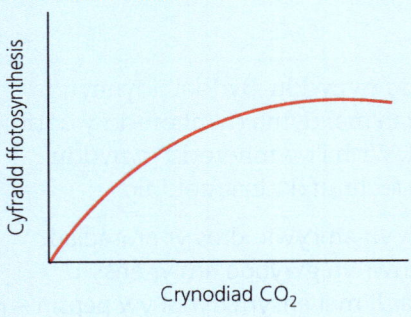

Mae'r ateb model hwn wedi braslunio llinell i ddangos y duedd i'w disgwyl o newid crynodiad y carbon deuocsid yn yr ymchwiliad hwn. Mae'r gromlin yn gwastadu gan fod ffactor gyfyngol arall yn cyfyngu ar gyfradd ffotosynthesis.

Gair gorchymyn: Awgrymwch

Mae cwestiwn 'Awgrymwch' yn gofyn i chi gymhwyso eich gwybodaeth a'ch dealltwriaeth at sefyllfa newydd.

A Enghraifft wedi'i datrys

Mae ymchwiliad yn cael ei gynnal i effaith trwch pilen ar dryleddiad ocsigen. Mae pum trwch pilen gwahanol yn cael eu defnyddio. Mae pob pilen yn cael ei phrofi unwaith i ddarganfod cyfradd trylediad ocsigen.

Awgrymwch ddull o wneud canlyniadau'r ymchwiliad yn fwy dibynadwy.

Ateb model

I wneud yr ymchwiliad hwn yn fwy dibynadwy, dylech chi ailadrodd yr ymchwiliad dair gwaith o leiaf ar gyfer pob trwch pilen ac yna cyfrifo cyfradd gymedrig trylediad ocsigen.

Mae'r ateb model hwn yn defnyddio dull o wella dibynadwyedd yr enghraifft benodol sydd wedi'i rhoi yn y cwestiwn yn gywir.

Gair gorchymyn: Defnyddiwch

Mae'n rhaid i'r ateb i gwestiwn 'Defnyddiwch' fod yn seiliedig ar y wybodaeth sydd wedi'i rhoi yn y cwestiwn. Mae hyn yn bwysig iawn oherwydd os nad ydych chi'n defnyddio'r wybodaeth yn y cwestiwn, nid yw'n bosibl rhoi marciau. Mewn rhai achosion, efallai y bydd angen i chi ddefnyddio rhywfaint o'ch gwybodaeth a'ch dealltwriaeth eich hun hefyd.

★ **Nid yw'r gair allweddol hwn yn rhan o fanyleb TGAU Bioleg CBAC.**

GEIRIAU GORCHYMYN

A Enghraifft wedi'i datrys

Mae'r graff isod yn dangos crynodiadau FSH ac LH yn ystod y gylchred fislifol.

Defnyddiwch y graff i ddarganfod pryd bydd ofwliad yn digwydd.

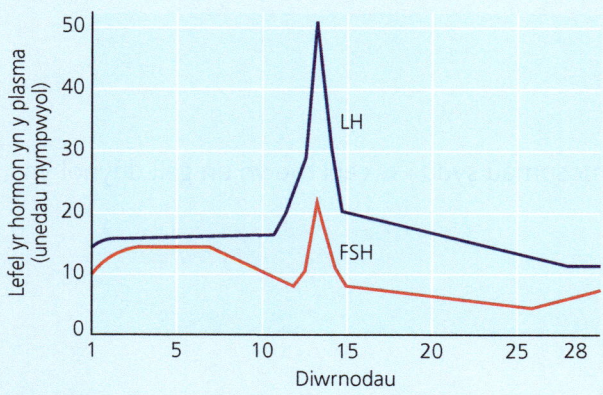

Cyngor

Mae'r gair gorchymyn 'Defnyddiwch' yn aml yn cael ei ddefnyddio ar y cyd â geiriau gorchymyn eraill, er enghraifft 'Defnyddiwch wybodaeth o'r tabl i esbonio'r canlyniadau hyn'.

Ateb model

Bydd ofwliad yn digwydd ar ddiwrnod 14, oherwydd dyma pryd mae crynodiad LH yn cynyddu ac LH sy'n symbylu'r broses o ryddhau'r wy.

Mae'r ateb model hwn yn defnyddio'r graff yn gywir i ddarganfod y pwynt lle bydd ofwliad yn digwydd. Sylwch ar y ddau air gorchymyn yn y cwestiwn hwn.

Gair gorchymyn: Ysgrifennwch

Dim ond ateb byr sydd ei angen i gwestiynau sy'n gofyn i chi 'Ysgrifennu' – dim esboniad na disgrifiad. Fel arfer, caiff y gair gorchymyn hwn ei ddefnyddio pan fydd angen ysgrifennu'r ateb mewn lle penodol, er enghraifft mewn blwch neu dabl.

★ **Nid yw'r gair allweddol hwn yn rhan o fanyleb TGAU Bioleg CBAC.**

A Enghraifft wedi'i datrys

Mae'r tabl isod yn rhoi swyddogaethau dau o'r hormonau sydd i'w cael mewn planhigion. Ysgrifennwch enwau'r hormonau yn y blychau priodol.

Ateb model

Swyddogaeth yr hormon mewn planhigion	Hormon
Rheoli cellraniad ac aeddfedu ffrwythau	Ethen
Cychwyn egino hadau	Giberelinau

Mae'r ateb model hwn wedi ysgrifennu'r ddau hormon yn gywir yn y blychau.

Rhoi hyn ar waith

A chithau nawr yn gwybod beth yw ystyr y prif eiriau gorchymyn a sut i'w hateb nhw, y cam nesaf, a'r pwysicaf, yw rhoi'r wybodaeth hon ar waith. Mae'r adran nesaf yn rhoi cwestiynau ymarfer enghreifftiol er mwyn i chi ddefnyddio eich gwybodaeth a chael cymorth i baratoi ar gyfer yr arholiad. Cofiwch fod deunyddiau asesu enghreifftiol a chyn-ddeunyddiau asesu hefyd ar gael ar y we gan eich bwrdd arholi.

6 Cwestiynau enghreifftiol

Does dim angen i fyfyrwyr CBAC ateb cwestiwn lle mae *.

>> Papur 1

1 Mae'r graff isod yn dangos y newidiadau yn nifer y cromosomau sydd i'w cael mewn un gell ddynol yn ystod proses meiosis.

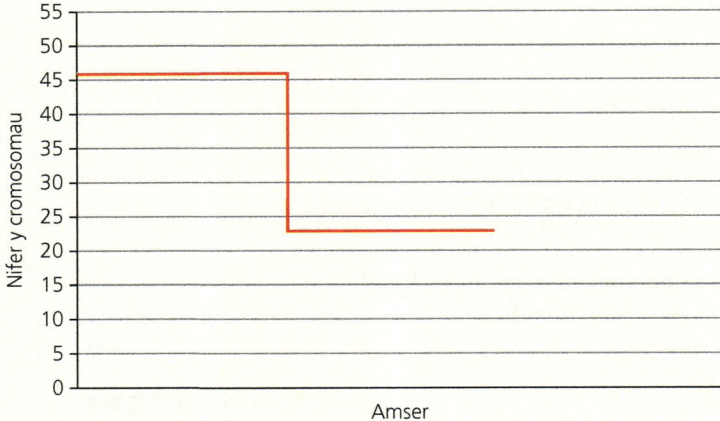

a Nodwch pa fath o gelloedd sy'n cael eu ffurfio yn ystod proses meiosis. [1]

b Esboniwch siâp y graff. [2]

c Esboniwch sut mae'r newid yn nifer y cromosomau yn y gell yn bwysig i swyddogaeth y gell hon. [2]

ch Defnyddiwch yr echelin i fraslunio graff i ddangos nifer y cromosomau mewn cell cyn ac ar ôl i fitosis ddigwydd. [2]

2 Mae'r graff isod yn dangos sut mae indecs màs y corff (BMI) cyfartalog wedi newid dros amser yn y Deyrnas Unedig.

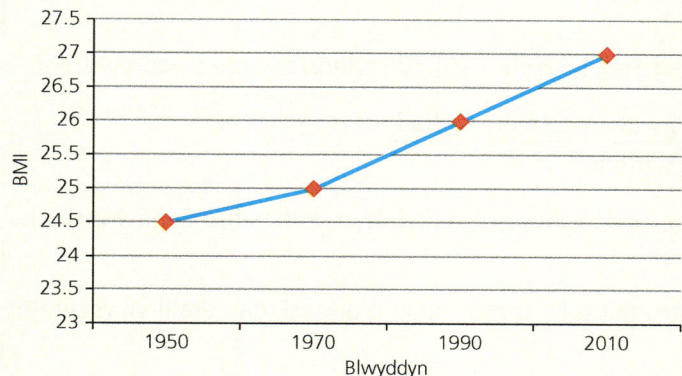

a Disgrifiwch y duedd sydd i'w gweld yn y graff. [1]

b Esboniwch y duedd sydd i'w gweld yn y graff. [3]

c Rydyn ni'n ystyried bod rhywun dros bwysau os yw ei indecs màs y corff (BMI) > 25.

Defnyddiwch yr hafaliad indecs màs y corff (BMI) isod i gyfrifo'r màs lle byddai unigolyn 150 cm o daldra yn mynd dros bwysau. [3]

BMI = màs mewn kg ÷ (taldra mewn m)^2

3 Mae ymchwiliad yn cael ei gynnal i gludiant mewn planhigyn gan ddefnyddio gwenwyn metabolaidd sy'n atal resbiradaeth.

a Pan fydd gwenwyn yn cael ei chwistrellu i goesyn y planhigyn, dydy swcros bellach ddim yn symud drwy'r coesyn, ond mae dŵr yn dal i symud i fyny'r coesyn. Esboniwch yr arsylwad hwn. [5]

Mae gwenwyn metabolaidd yn cael ei ychwanegu at ddeilen. Mae'r gwenwyn hwn yn atal y stomata rhag agor.

b Ar ôl ychwanegu'r gwenwyn metabolaidd at y ddeilen, dydy dŵr ddim yn teithio i fyny'r coesyn yn y sylem. Esboniwch pam. [2]

Mae ymchwiliad 'dilynol' yn cael ei gynnal i ymchwilio i symudiad ïonau mwynol.

c Dydy chwistrellu'r gwenwyn metabolaidd i goesyn planhigyn ddim yn effeithio ar symudiad ïonau mwynol. Esboniwch yr arsylwad hwn. [1]

4 Mae'r tabl isod yn dangos trwch y waliau mewn tair pibell waed gwahanol.

Pibell waed	Trwch y wal (µm)
Rhydweli	1500.00
Gwythïen	700.00
Capilari	0.50

a Rhowch drwch y rhydweli ar ffurf safonol, ac i ddau ffigur ystyrlon. [2]

b Awgrymwch beth yw'r berthynas rhwng trwch pob pibell waed a'i swyddogaeth. [3]

c Nodwch pa bibellau yn y tabl mae clefyd coronaidd y galon yn effeithio arnyn nhw ac esboniwch effaith y clefyd hwn. [2]

5 Mae cyfanswm cyfaint yr alfeoli mewn ysgyfant dynol yn 0.002 m^3, ac mae cyfanswm arwynebedd arwyneb yr alfeoli yn 100 m^2.

a Rhowch gymhareb arwynebedd arwyneb : cyfaint yr alfeoli yn yr ysgyfant. [2]

b Mae arwynebedd arwyneb cyfartalog bod dynol yn 1.8 m^2 ac mae ei gyfaint yn 0.095 m^3. Cyfrifwch gymhareb arwynebedd arwyneb : cyfaint y bod dynol. [2]

c Defnyddiwch y ddau werth hyn i esbonio pam mae gan fodau dynol arwyneb cyfnewid nwyon mewnol. [3]

ch Mae trwch yr alfeoli a wal y capilari yn 2 µm. Ar ddiagram o'r alfeoli, mae trwch y wal yn 15 mm. Cyfrifwch chwyddhad y diagram. [3]

d Mae myfyriwr yn penderfynu defnyddio deddf Fick i gyfrifo cyfradd tryledu ar draws wal yr alfeoli.

$$\text{Cyfradd tryledu} \propto \frac{\text{arwynebedd arwyneb gwahaniaeth crynodiad}}{\text{trwch y bilen}}$$

Gyda'r wybodaeth sydd wedi'i darparu yn y cwestiwn hwn, a fyddai hyn yn bosibl? Cyfiawnhewch eich ateb. [3]

dd Yn ogystal â'r nodweddion sydd wedi'u rhestru uchod, rhowch ddau o addasiadau eraill yr ysgyfaint ar gyfer cyfnewid nwyon. [2]

*6 Mae interfferon yn gemegyn sy'n gallu cael ei ddefnyddio i drin sglerosis gwasgaredig (*multiple sclerosis*). Gallwn ni beiriannu genynnau bacteria i gynhyrchu interfferon.

a Esboniwch bwysigrwydd yr ensymau canlynol yn y broses hon:

   i DNA ligas [2]

   ii ensymau cyfyngu. [2]

b Yn y gorffennol, byddai genynnau sy'n rhoi ymwrthedd i wrthfiotigau hefyd yn cael eu mewnosod yn y bacteria.

   i Esboniwch swyddogaeth y genynnau hyn sy'n rhoi ymwrthedd i wrthfiotigau. [2]

   ii Awgrymwch reswm pam nad yw genynnau sy'n rhoi ymwrthedd i wrthfiotigau yn cael eu defnyddio erbyn hyn. [2]

7 Mae pa mor gyflym mae cyfradd curiad calon yn mynd yn ôl i'w chyfradd wrth orffwys yn un ffordd o fesur ffitrwydd. Cynlluniwch ymchwiliad i effaith hyd cyfnod o ymarfer corff ar adferiad cyfradd curiad y galon. [6]

8 Mae ymchwiliad yn cael ei gynnal i effaith arddwysedd golau ar gyfradd ffotosynthesis. Mae canlyniadau'r ymchwiliad i'w gweld yn y tabl isod.

Pellter o'r lamp (cm)	Cyfradd ffotosynthesis (swigod / mun)
20	20
40	15
60	8
80	3
100	2

*a Plotiwch y data ar yr echelinau isod ar ddarn ar wahân o bapur graff. [4]

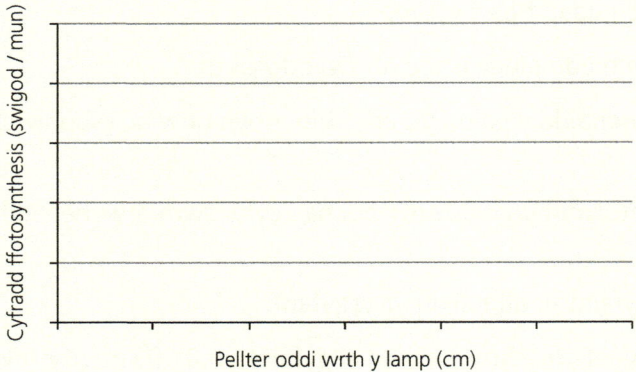

b Mae'r ymchwiliad yn cael ei gynnal ar dymheredd cyson sy'n is na'r tymheredd optimwm ar gyfer ffotosynthesis.

   i Brasluniwch linell ar y graff i ddangos effaith cynyddu'r tymheredd ar y canlyniadau. [1]

   ii Esboniwch siâp y llinell rydych chi wedi'i thynnu. [2]

9 Mae'r gwrthfiotig linezolid yn rhwystro tRNA rhag trosglwyddo asidau amino i'r ribosom.

  *a Esboniwch sut mae linezolid yn atal twf bacteria. [3]

  b Mewn ymchwiliad i effaith linezolid, mae'r man clir isod yn cael ei gynhyrchu ar lawnt facteriol.

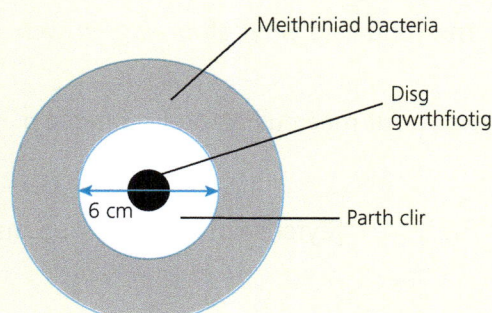

Defnyddiwch y fformiwla isod i gyfrifo'r man clir sy'n cael ei gynhyrchu gan linezolid. Rhowch eich ateb i 1 ll.d. [2]

$A = \pi r^2$

  c Allwn ni ddim defnyddio linezolid i drin HIV. Esboniwch pam. [2]

  ch Cafodd linezolid ei syntheseiddio gyntaf gan wyddonwyr yn y labordy. Cymharwch y darganfyddiad hwn â darganfyddiad penisilin. [2]

10 Molwsg môr yw'r gragen las (*mussle* yn Saesneg a *Mytilus edulis* yn Lladin). Mae'n perthyn i folysgiaid eraill fel malwod.

  a Esboniwch pa wybodaeth gallwn ni ei darganfod am y gragen las o'r enw hwn. [1]

  b Mae'r tabl isod yn dangos dosbarthiad y gragen las. Copïwch a chwblhewch y tabl. [3]

Teyrnas	
	Mollusca
	Bivalvia
Urdd	Ostreoida

  c Enwch y parth mae'r gragen las yn cael ei dosbarthu ynddo, gan roi rheswm dros eich ateb. [2]

11 Mae'r diagram isod yn dangos gwe fwyd ecosystem ddyfrol.

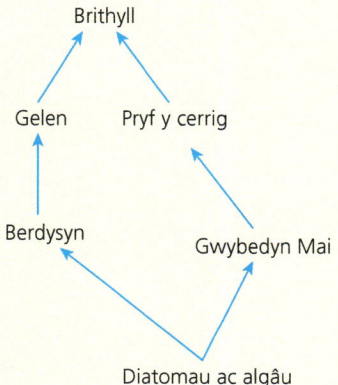

CWESTIYNAU ENGHREIFFTIOL

   a Rhagfynegwch effaith:

      i gostyngiad ym mhoblogaeth gwybedyn Mai [2]

      ii cynnydd ym mhoblogaeth brithyll. [2]

   b Nodwch un:

      i cynhyrchydd [1]

      ii ysydd cynradd [1]

      iii ysydd eilaidd. [1]

  *c Mae gweithgaredd samplu'n darganfod cynnydd yn nifer y mwydod llaid yn yr afon. Awgrymwch reswm posibl dros y cynnydd hwn. [2]

*12 Disgrifiwch bwysigrwydd hormonau i atgenhedlu dynol benywol, a sut mae dulliau atal cenhedlu'n gallu effeithio ar y rhain. [6]

[Cyfanswm = ... / 95 marc]

Atebion

» Mathemateg

Rhifyddeg a chyfrifo rhifiadol

Mynegiadau ar ffurf ddegol (tudalennau 6–7)

Arweiniad ar y cwestiynau

1. **Cam 2** Diamedr y gwreiddyn i un lle degol = 0.3 cm.
2. **Cam 1** Y darn o gyfarpar lleiaf manwl gywir yw'r pren mesur sy'n mesur i'r 0.1 cm agosaf.

   Cam 2 Nifer y lleoedd degol = 1

Cwestiynau ymarfer

3. 6.8736 g = 6.87 g i ddau le degol (mae'r 3 ar ôl y 7 yn golygu eich bod chi'n talgrynnu i lawr).
4. Un lle degol, oherwydd mae'r ddau effeithlonrwydd trawsnewid arall hefyd wedi'u rhoi i un lle degol.

Mynegiadau ar ffurf safonol (tudalennau 7–8)

Arweiniad ar y cwestiynau

1. **Cam 1** 500 miliwn = 5×10^8

   Cam 2 $4.2 \times 10^{-3} \times 5 \times 10^8 = 2.1 \times 10^6$

2. **Cam 2** Poblogaeth bacteria = $10 \times 2^{12} = 10 \times 4096$

   Poblogaeth bacteria = $40960 = 4.096 \times 10^4$

Cwestiynau ymarfer

3. $605\,000 = 6.05 \times 10^5$
4. $0.005 = 5 \times 10^{-3}$
5. Poblogaeth bacteria = poblogaeth gychwynnol y bacteria $\times 2^{\text{nifer y rhaniadau}}$

   Nifer y rhaniadau = $30 \div 5 = 6$

   $200 \times 2^6 = 12\,800$

   $12\,800 = 1.28 \times 10^4$

Ffracsiynau, canrannau a chymarebau

Ffracsiynau a chanrannau (tudalennau 9–10)

Arweiniad ar y cwestiynau

1. **Cam 1** $\frac{\text{biomas newydd}}{\text{biomas gwreiddiol}} = \frac{1500}{2500}$

   Cam 2 $= \frac{(1500 \div 500)}{(2500 \div 500)}$ gan mai 500 yw'r ffactor gyffredin fwyaf.

   $= \frac{3}{5}$

2. **Cam 1** Effeithlonrwydd trosglwyddo egni = $52 \div 4000 \times 100 = 0.013 \times 100$

   Cam 2 Effeithlonrwydd trosglwyddo egni = 1.3%

Cwestiynau ymarfer

3. a. Egni yn y grug = 300 000 kJ

   Egni yn y rugiar = 19 000 kJ

   Fel ffracsiwn $= \frac{19\,000}{300\,000}$

   $= \frac{19\,000 \div 1000}{300\,000 \div 1000}$ gan mai 1000 yw'r ffactor gyffredin fwyaf

   $= \frac{19}{300}$

   Fel canran $= \frac{19\,000}{300\,000} \times 100 = 6.3\%$

   b. Egni yn y rugiar = 19 000 kJ

   Egni yn y llwynog = 2100 kJ

   Fel ffracsiwn $= \frac{2100}{19\,000}$

   $= \frac{2100 \div 100}{19\,000 \div 100}$ gan mai 100 yw'r ffactor gyffredin fwyaf $= \frac{21}{190}$

   Fel canran $= \frac{2100}{19\,000} \times 100 = 11\%$

4. %T = %A

   30% = %A

   Felly %A + %T = 30 + 30 = 60%

   Felly %G + %C = 100 − 60 = 40%

   Gan fod %G = %C

   %G = 40 ÷ 2 = 20%

Cymarebau (tudalennau 10–11)

Arweiniad ar y cwestiwn

1. **Cam 2**

	C	c
C	Cc	Cc
c	cc	cc

   Cam 3 Cymhareb ddisgwyliedig = 2 Cc : 2 cc = 1 Cc : 1 cc

   Felly cymhareb ddisgwyliedig y ffenoteipiau = 1 rhesi coch : 1 rhesi oren

Cwestiwn ymarfer

2. Arwynebedd arwyneb : cyfaint = 24 : 8

   24 : 8 = (24 ÷ 8) : (8 ÷ 8) gan mai 8 yw'r ffactor gyffredin fwyaf.

   = 3 : 1

   Arwynebedd arwyneb : cyfaint = 3 : 1

Amcangyfrif canlyniadau (tudalennau 12–13)

Arweiniad ar y cwestiynau

1. **Cam 1** Cyfanswm y boblogaeth = 780 000 + 310 000

   Cam 2 Cyfanswm y boblogaeth = 1 090 000

2. **Cam 1** Talgrynnu 12 g a hefyd 19 munud i'r 10 agosaf: 10 g a 20 munud

   Cam 2 Cyfradd yr adwaith = $\frac{\text{màs y cynnyrch}}{\text{amser}}$

   Cyfradd yr adwaith = $\frac{10}{20}$

   Cyfradd yr adwaith = 0.5 g/mun

Cwestiynau ymarfer

3. Talgrynnu'r gwerthoedd i gyd i fyny i 200

   Cymedr = (200 + 200 + 200) ÷ 3

   Cymedr = 600 ÷ 3

   Cymedr = 200 munud (neu 3 awr, 20 munud)

4. Nage, nid dyma'r amcangyfrif gorau. Byddai talgrynnu 3.9 i 4 yn hytrach na 3 yn rhoi amcangyfrif gwell. Byddai hyn yn rhoi amcangyfrif o:

   $\frac{4}{6} \times 100\% = 67\%$ (i 2 l.d.)

Trin data

Defnyddio ffigurau ystyrlon (tudalennau 13–14)

Arweiniad ar y cwestiwn

1. **Cam 1** Y digid cyntaf o'r chwith sydd ddim yn sero yw 4

   Cam 2 Yr ail ffigur ystyrlon yw 0

   Cam 3 Rydych chi'n talgrynnu i fyny gan mai 8 yw'r digid nesaf. Felly: 0.040891 = 0.041 (i 2 ff.y.)

Cwestiynau ymarfer

2. 5783 g = 5800 g (i 2 ff.y.)

3. 0.63830 mm = 0.638 mm (i 3 ff.y.)

4. Mae'r ddau fesuriad wedi'u gwneud i 3 ffigur ystyrlon, felly dylai'r ateb hwn hefyd gael ei roi i 3 ffigur ystyrlon.

   Felly: 6.819 g/awr = 6.82 g/awr (i 3 ff.y.)

Canfod cymedrau rhifyddol (tudalennau 14–16)

Arweiniad ar y cwestiwn

1. **Cam 1** 15 + 19 + 21 + 18 + 23 = 96

   Cam 2 Cymedr = 96 ÷ 5 = 19 awr

Cwestiynau ymarfer

2. Cymedr B = (1500 + 1600 + 1700) ÷ 3

   Cymedr B = 4800 ÷ 3 = 1600

3. Cymedr = (350 + 400) ÷ 2

   Cymedr = 750 ÷ 2

   Cymedr = 375 eiliad (heb ystyried y canlyniad afreolaidd)

Llunio tablau amlder, siartiau bar a histogramau

Tablau amlder a siartiau bar (tudalennau 16–18)

Arweiniad ar y cwestiwn

1.

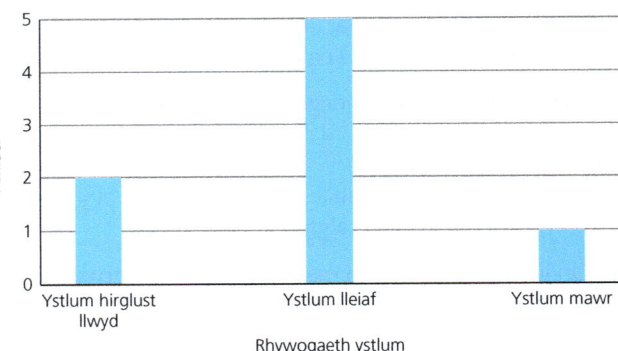

Cwestiynau ymarfer

2.

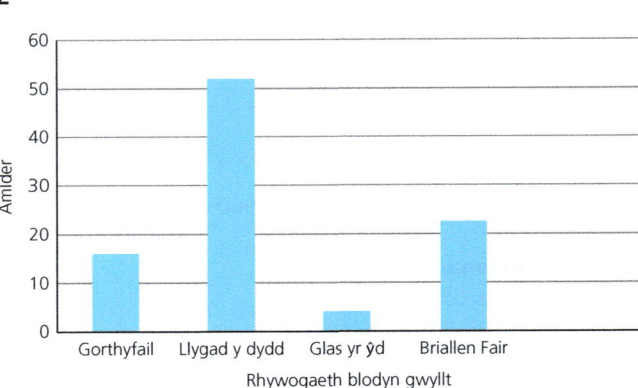

Histogramau (tudalennau 18–19)

Arweiniad ar y cwestiwn

1.

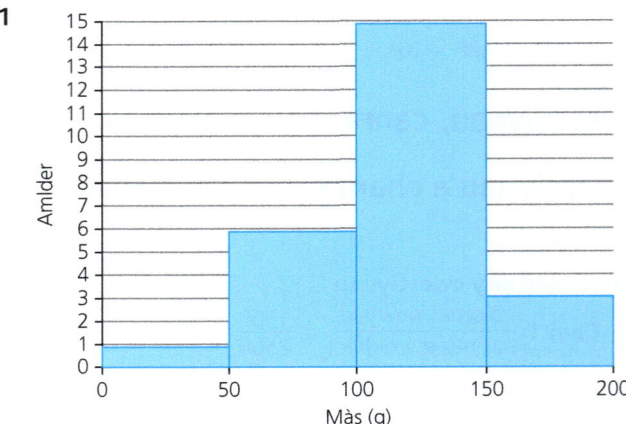

Cwestiwn ymarfer

2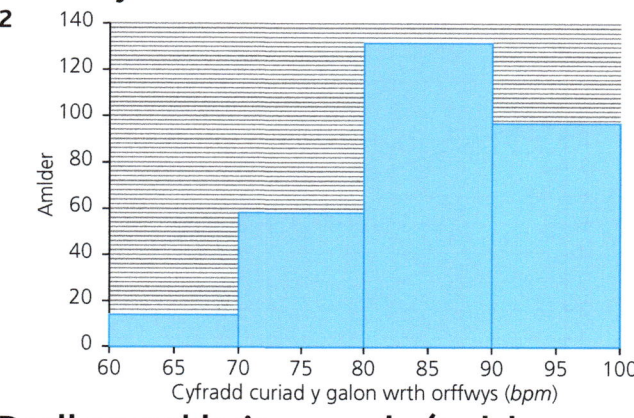

Deall egwyddorion samplu (tudalennau 19–21)

Arweiniad ar y cwestiynau

1 **Cam 2** Maint y boblogaeth = $(92 \times 78) \div 15$

= 478 (wedi'i dalgrynnu i'r rhif cyfan agosaf)

2 **Cam 1** Mae 7 cwadrad yn cynnwys *Digitalis* o gyfanswm o 10 cwadrad.

Cam 2 Felly, amlder rhywogaeth
= $(7 \div 10) \times 100 = 70\%$

Cwestiynau ymarfer

3 Nifer y malwod = (cyfanswm y nifer yn y sampl cyntaf × cyfanswm y nifer yn yr ail sampl) ÷ nifer wedi'u marcio yn yr ail sampl

Nifer y malwod = $(105 \times 120) \div 45$

Nifer y malwod = $12\,600 \div 45 = 280$

4 % gorchudd y glaswellt = nifer y sgwariau yn cynnwys glaswellt ÷ cyfanswm nifer y sgwariau

% gorchudd y glaswellt = $(15 \div 25) \times 100 = 60\%$

Tebygolrwydd syml (tudalennau 21–22)

Arweiniad ar y cwestiwn

1 **Cam 1** Mae'r tebygolrwydd o gael bachgen yn 0.5 bob tro.

Cam 2 Mae David yn anghywir.

Cwestiynau ymarfer

2 Rhieni: Gg Gg

Gametau: G g G g

	G	g
G	GG	Gg
g	Gg	gg

Epil 25% GG, 50% Gg, 25% gg

Gan mai dim ond epil â'r genoteip gg fydd â ffrwythau melyn, y tebygolrwydd y bydd gan un epil ffrwythau melyn yw 25%.

3 Y tebygolrwydd bod gan yr epil ffwr hir yw 0.6. Dydy gweddill yr epil ddim yn effeithio ar y tebygolrwydd hwn.

Deall cymedr, modd a chanolrif (tudalennau 23–24)

Arweiniad ar y cwestiwn

1 **Cam 2** Canolrif = $(22.4 + 23.2) \div 2 = 22.8$

Cwestiynau ymarfer

2 Canolrif = $(4 \times 10^5 + 1 \times 10^6) \div 2 = 7 \times 10^5$

3 Y symptom modd (mwyaf cyffredin) yw smotiau ar y dail, ag amlder o 3.

Defnyddio diagram gwasgariad i nodi cydberthyniad (tudalennau 24–26)

Arweiniad ar y cwestiwn

1 **Cam 1** Wrth i'r pellter oddi wrth y goeden gynyddu, mae gorchudd canrannol y glaswellt yn cynyddu.

Cam 2 Mae hyn yn dangos cydberthyniad positif.

Cwestiynau ymarfer

2 Wrth i grynodiad nitrad gynyddu, mae nifer y coed â thwf wedi'i atal yn lleihau, felly mae cydberthyniad negatif rhwng crynodiad nitrad yn y pridd a nifer y coed â thwf wedi'i atal.

3 Does dim cydberthyniad rhwng crynodiad giberelin ac aeddfedrwydd y ffrwyth.

4 Wrth i grynodiad y gwaed gynyddu, mae crynodiad ADH yn cynyddu. Felly, mae cydberthyniad positif rhwng crynodiad y gwaed a chrynodiad yr ADH.

Gwneud cyfrifiadau trefn maint (tudalennau 27–28)

Arweiniad ar y cwestiwn

1 **Cam 1** Maint y ddelwedd = 150; maint y gwrthrych = 2

Cam 2 Chwyddhad = $150 \div 2 = 75$

Cwestiwn ymarfer

2 Chwyddhad = maint y ddelwedd ÷ maint y gwrthrych

Maint y gwrthrych = maint y ddelwedd ÷ chwyddhad

Maint y gwrthrych = $30 \div 340 = 0.088235 = 0.088\,\text{mm}$ (2 ff.y.)

Algebra

Deall a defnyddio symbolau algebraidd (tudalennau 28–30)

Arweiniad ar y cwestiwn

1 **Cam 1** Cyfradd dadelfennu ∝ tymheredd y pridd

ATEBION

Cwestiynau ymarfer
2 Pwysedd gwaed yn y rhydwelïau > pwysedd gwaed yn y gwythiennau

3 Cyfradd yr adwaith ∝ crynodiad yr ensym

Amnewid gwerthoedd rhifiadol mewn hafaliadau a'u datrys (tudalennau 30–31)

Arweiniad ar y cwestiwn
1 **Cam 1** Allbwn cardiaidd = 55 × 65

Cam 2 Allbwn cardiaidd = 3575 cm³/mun

Cwestiwn ymarfer
2 Arwynebedd parth clir = πr^2 = $\pi \times 17^2$

Arwynebedd parth clir = $\pi \times 289$

Arwynebedd parth clir = 908 mm²

Newid testun hafaliad (tudalennau 31–32)

Arweiniad ar y cwestiwn
1 **Cam 2** Maint y ddelwedd = 20 × 15 = 300 mm

Cwestiynau ymarfer
2 Egni sydd ar gael i ysyddion cynradd = egni yn y cynhyrchwyr cynradd − egni sy'n cael ei golli wrth resbiradu − egni sy'n cael ei golli drwy wastraff a marwolaeth

Egni yn y cynhyrchwyr cynradd = egni sydd ar gael i gynhyrchwyr cynradd + egni sy'n cael ei golli wrth resbiradu + egni sy'n cael ei golli drwy wastraff a marwolaeth

Egni yn y cynhyrchwyr cynradd = 20 000 + 30 000 + 150 000

Egni yn y cynhyrchwyr cynradd = 200 000 kJ

3 Nifer y rhaniadau = amser ÷ cyfradd rhannu

Nifer y rhaniadau = 15 ÷ 3

Nifer y rhaniadau = 5

Poblogaeth bacteria = poblogaeth gychwynnol y bacteria × $2^{\text{nifer y rhaniadau}}$

Poblogaeth gychwynnol y bacteria = poblogaeth y bacteria ÷ $2^{\text{nifer y rhaniadau}}$

Poblogaeth gychwynnol y bacteria = poblogaeth y bacteria ÷ 2^5

Poblogaeth gychwynnol y bacteria = 3200 ÷ 32

Poblogaeth gychwynnol y bacteria = 100 o facteria

Graffiau

Deall bod $y = mx + c$ yn cynrychioli perthynas linol (tudalennau 32–35)

Arweiniad ar y cwestiwn
1 **Cam 1** $m = -0.5$; $c = 9$

Cam 2 Yn $x = 0$, $y = 9$
Yn $x = 10$, $y = 4$

Cam 3

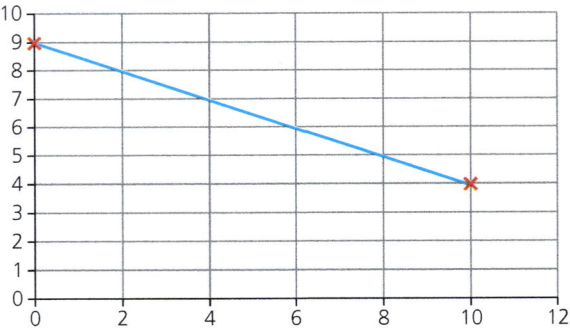

Cwestiwn ymarfer
2

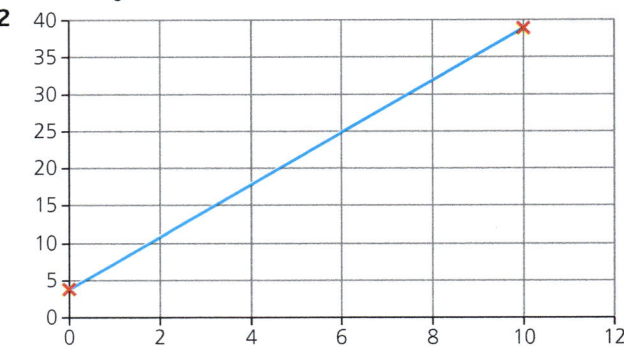

Plotio dau newidyn o ddata arbrofol neu ddata eraill (tudalennau 35–37)

Arweiniad ar y cwestiwn
1

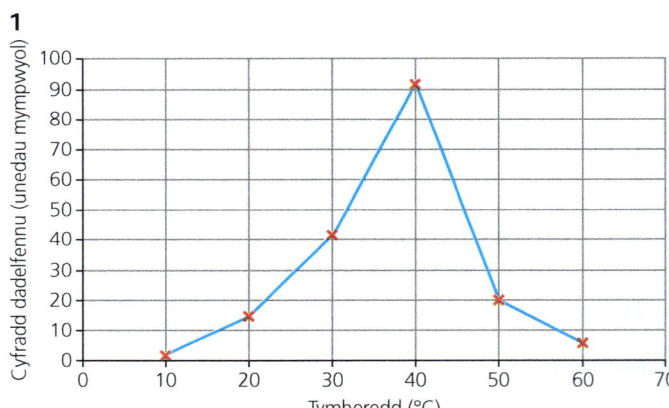

Cwestiwn ymarfer
2

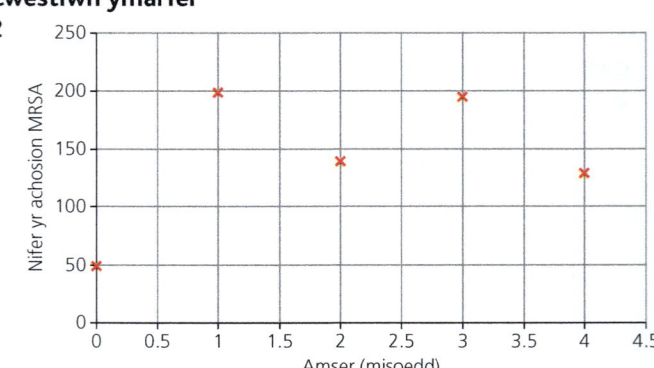

Darganfod goledd a rhyngdoriad graff llinol (tudalennau 37–41)

Arweiniad ar y cwestiynau
1 **Cam 3** Crynodiad y sodiwm clorid lle does dim newid màs = 0.6 M

2 **Cam 1** Lluniadu'r triongl.

   Cam 2 Newid i x = 40%

   Newid i y = 20 uned fympwyol

   Cam 3 Graddiant = newid i y ÷ newid i x = 20 ÷ 40

   Cam 4 Cyfradd newid y gyfradd trydarthu = 0.5

Cwestiynau ymarfer
3 Gallwn ni ddod o hyd i grynodiad mewnol y nionyn/winwnsyn drwy ddar ganfod y pwynt lle does dim newid màs, oherwydd yn y pwynt hwn mae'r crynodiad y tu mewn i'r gell nionyn/winwnsyn yn hafal i'r hydoddiant allanol.

Newid màs 0% = 0.53 M

Felly, crynodiad mewnol y gell nionyn/winwnsyn = 0.53 M

4 Mae cyfradd yr adwaith ar ei chyflymaf ar ddechrau'r adwaith. I ganfod cyfradd yr adwaith, mae angen canfod graddiant y llinell.

Yn gyntaf, canfod graddiant y llinell rhwng 0 a 30 eiliad:

Graddiant = newid i y ÷ newid i x = 5 ÷ 30

Graddiant = 0.17

Cyfradd yr adwaith = 0.17 g/s

Geometreg a thrigonometreg

Cyfrifo arwynebedd, arwynebedd arwyneb a chyfaint ciwbiau (tudalennau 41–43)

Arweiniad ar y cwestiynau
1 **Cam 1** Arwynebedd arwyneb ciwb = 5 × 5 × 6 = 150 mm^2

   Cam 2 Cyfaint ciwb = 5 × 5 × 5 = 125 mm^3

   Cam 3 Arwynebedd arwyneb : cyfaint = 150 : 125 = (150 ÷ 25) : (125 ÷ 25) gan mai 25 yw'r ffactor gyffredin fwyaf

   Arwynebedd arwyneb : cyfaint = 6 : 5

2 **Cam 1** Arwynebedd y triongl = (50 × 38) ÷ 2

   Cam 2 Arwynebedd triongl = 1900 ÷ 2

   Arwynebedd y triongl = 950 mm^2

Cwestiynau ymarfer
3 Arwynebedd y petryal = hyd × lled

   Arwynebedd y petryal = 700 × 400

   Arwynebedd y sampl = 280 000 m^2

4 Arwynebedd triongl = 0.5 × (sail × uchder)

   Arwynebedd y toriad = 0.5 × (17 × 0.9)

   Arwynebedd y toriad = 0.5 × 15.3

   Arwynebedd y toriad = 7.7 mm^2

5 **Ciwb 1**

   Arwynebedd arwyneb = hyd ochr × hyd ochr × nifer yr ochrau = 6 × 6 × 6

   Arwynebedd arwyneb = 216 mm^2

   Cyfaint = hyd × lled × uchder

   Cyfaint = 6 × 6 × 6 = 216 mm^3

   Arwynebedd arwyneb : cyfaint = 216 : 216 = (216 ÷ 216) : (216 ÷ 216)

   Arwynebedd arwyneb : cyfaint = 1:1

   Ciwb 2

   Arwynebedd arwyneb = hyd ochr × hyd ochr × nifer yr ochrau = 4 × 4 × 6

   Arwynebedd arwyneb = 96 cm^2

   Cyfaint = hyd × lled × uchder

   Cyfaint = 4 × 4 × 4 = 64 cm^3

   Arwynebedd arwyneb : cyfaint = 96 : 64 = (96 ÷ 32) : (64 ÷ 32)

   Arwynebedd arwyneb : cyfaint = 3 : 2

   Gan fod 3 : 2 yn gymhareb arwynebedd arwyneb : cyfaint fwy nag 1 : 1, ciwb 2 sydd â'r gymhareb arwynebedd arwyneb : cyfaint fwyaf.

Defnyddio mesuriadau onglaidd mewn graddau (tudalen 44)

Arweiniad ar y cwestiwn
1 **Cam 2** A = 360 ÷ 6

   A = 60°

Cwestiwn ymarfer
2 Cylch = 360°

   $\frac{120}{360} = \frac{1}{3}$ gan mai 120 yw'r ffactor gyffredin fwyaf; $\frac{1}{3}$ o'r cylch wedi'i dynnu.

» Llythrennedd

Ymatebion estynedig: Disgrifiwch (tudalennau 48–50)

Sylwadau ar atebion
1 Byddai'r ateb enghreifftiol hwn yn cael marciau llawn.

Mae bacteria'n esblygu'n gyflym gan eu bod nhw'n atgynhyrchu'n gyflym. Achosodd mwtaniad mewn straen o MRSA iddo ddatblygu ymwrthedd i wrthfiotigau. Gan fod gan y straen hwn ymwrthedd, bydd ganddo fantais dros straeniau eraill oherwydd nad yw gwrthfiotigau yn ei ladd. Yna, bydd y straen hwn yn lledaenu gan nad yw pobl yn imiwn iddo, a does dim ffordd effeithiol o'i drin.

Mae meddygon yn gallu helpu i atal bacteria newydd rhag datblygu ymwrthedd i wrthfiotigau drwy gadw gwrthfiotigau ar gyfer heintiau bacteriol difrifol, a pheidio â rhoi presgripsiwn ar gyfer heintiau firol dydy'r gwrthfiotigau ddim yn effeithio arnyn nhw. Mae'n rhaid i gleifion hefyd

sicrhau eu bod nhw'n cwblhau'r cwrs llawn o wrthfiotigau, er mwyn lladd yr holl facteria sy'n achosi'r haint heb i ddim oroesi. Gallai bacteria sy'n goroesi fwtanu a ffurfio straen ag ymwrthedd. Dylai ffermwyr hefyd gyfyngu ar y gwrthfiotigau maen nhw'n eu defnyddio ar eu hanifeiliaid, gan fod bwyta cig o'r anifeiliaid hyn hefyd yn gallu achosi i bobl ddatblygu imiwnedd i'r gwrthfiotigau hyn.

Byddai'r ateb hwn yn cael y 6 marc llawn sydd ar gael gan fod yr holl wybodaeth yn yr ateb yn ffeithiol gywir ac yn berthnasol i'r cwestiwn. Mae'n defnyddio'r canllawiau sydd wedi'u rhoi i helpu i greu strwythur rhesymegol ac yn rhoi sylw i esblygiad MRSA, yn ogystal ag ymatebion synhwyrol gan feddygon, ffermwyr a chleifion i leihau ymwrthedd i wrthfiotigau. Does dim gwallau sillafu na gramadeg.

Asesu ateb myfyriwr

2   Byddai'r ateb hwn yn cyrraedd lefel 1 ac yn cael 2 farc.

Mae hyn oherwydd bod yr ateb yn cynnwys rhai pwyntiau cywir, fel yr angen i sberm ac wyau gymysgu er mwyn i ffrwythloniad ddigwydd, a defnyddio FSH. Fodd bynnag, mae hefyd yn cynnwys nifer mawr o wallau. Dau gamgymeriad allweddol yw'r ffaith bod yr embryonau'n cael eu mewnblannu yng nghroth y fam, nid eu tyfu mewn tiwb profi, a hefyd hormon yw FSH, nid ensym.

Dydy'r ateb ddim wedi'i strwythuro'n dda iawn ychwaith; nid yw'n sôn am ddefnyddio FSH – sy'n digwydd ar ddechrau'r broses – tan ddiwedd yr ateb. Mae gwall gramadeg hefyd yn yr ymadrodd 'tyfu yn tiwbiau profi' – tyfu mewn tiwbiau profi' sy'n gywir. sy'n gywir.

Gwella'r ateb

3   Byddai'r ateb enghreifftiol hwn yn cael y 6 marc llawn:

Mae'r hormon ADH yn cael ei ddefnyddio i reoli lefel y dŵr yn y corff. Pan fydd y gwaed yn mynd yn rhy grynodedig, bydd y chwarren bitwidol yn rhyddhau ADH. Mae ADH yn gweithredu ar diwbynnau'r arennau, ac yn achosi i fwy o ddŵr gael ei adamsugno yn ôl i mewn i'r gwaed. Mae hyn yn enghraifft o adborth negatif oherwydd bod y cynnydd yng nghrynodiad y gwaed yn sbarduno mecanwaith sy'n achosi i grynodiad y gwaed leihau.

Ymatebion estynedig: Esboniwch (tudalennau 50–52)

Sylwadau ar atebion

1   Byddai'r ateb enghreifftiol hwn yn cael marciau llawn.

Mae potomedr yn mesur cyfradd mewnlifiad dŵr i blanhigyn. Er mwyn ymchwilio i effaith buanedd y gwynt ar gyfradd trydarthu, yn gyntaf mae angen gosod gwyntyll ar bellter penodol oddi wrth y planhigyn yn y potomedr. Cyn troi'r wyntyll ymlaen, dylech chi fesur y pellter mae'r swigen yn ei deithio mewn cyfnod penodol (er enghraifft, pum munud). Yna, gallwch chi ddefnyddio'r wybodaeth hon i gyfrifo cyfradd mewnlifiad dŵr, sydd yn fras yn hafal i'r gyfradd trydarthu. Wrth gynnal yr arbrawf, mae'n bwysig gwneud yn siŵr nad oes dim byd arall yn achosi i aer symud, fel aerdymheru (air conditioning) neu ddrafft.

Nesaf, mae angen troi'r wyntyll ymlaen ar y buanedd arafaf ac ailadrodd y camau uchod. Mae angen ailadrodd yr ymchwiliad ar bump buanedd gwyntyll gwahanol. I wneud yn siŵr bod y canlyniadau'n ailadroddadwy, mae angen ailadrodd yr ymchwiliad dair gwaith ar bob buanedd gwyntyll, a chyfrifo cyfradd trydarthu gymedrig. Mae angen sicrhau hefyd bod pob newidyn arall (tymheredd, arddwysedd golau, etc.) yn aros yn gyson.

Mae hwn yn ateb rhagorol, a byddai'n cael y 6 marc llawn. Mae'r holl wybodaeth yn yr ateb yn ffeithiol gywir a dim ond gwybodaeth berthnasol sydd ynddo. Mae'n ateb manwl, rhesymegol iawn sy'n defnyddio terminoleg wyddonol yn gywir, gan gynnwys esbonio bod cyfradd mewnlifiad dŵr yn fras yn hafal i'r gyfradd trydarthu.

Mae'r myfyriwr wedi ateb pob rhan o'r cwestiwn, gan gynnwys y rhan olaf sy'n gofyn sut i gynhyrchu canlyniadau ailadroddadwy. Mae cwestiynau ymateb estynedig yn gallu cynnwys mwy nag un rhan, ac mae'n bwysig ateb pob rhan i gael marciau llawn.

Mae hefyd yn eithaf cryno – yn hytrach na'i ailadrodd ei hun, mae'r myfyriwr yn defnyddio ymadrodd fel 'ailadrodd y camau uchod'. Cyn belled â'i bod hi'n glir at beth mae'n cyfeirio, mae'r math hwn o ymadrodd yn ffordd ddefnyddiol o arbed amser.

Asesu ateb myfyriwr

2   Byddai'r ateb hwn yn cyrraedd lefel 3 ac yn cael 5 marc.

Mae hyn oherwydd ei fod yn ateb clir sydd wedi'i strwythuro'n dda ac yn rhoi sylw i'r prif bwyntiau i gyd. Fodd bynnag, mae'n gwneud un camgymeriad allweddol: dydy lipidau ddim yn cael eu torri i lawr i roi asidau amino, ond i roi asidau brasterog a glyserol. Mae hyn yn golygu bod yr ateb yn cael y marc isaf ar lefel 3. Mae'n dangos pa mor bwysig yw sicrhau bod y wybodaeth allweddol yn eich ateb yn gywir – mae hyd yn oed esbonio un pwynt allweddol yn anghywir yn gallu colli marciau i chi.

Gwella'r ateb

3   Byddai'r ateb enghreifftiol hwn yn cael y 6 marc llawn:

Nid yw'n ymddangos bod y ddau grŵp o Drosophila yn aelodau o'r un rhywogaeth. Mae hyn oherwydd pan fyddan nhw'n paru, dydyn nhw ddim yn cynhyrchu epil ffrwythlon. Er mwyn bod yr un rhywogaeth, byddai angen i'r pryfed allu bridio i gynhyrchu epil ffrwythlon.

Mae'n bosibl bod y ddau grŵp yn rhywogaethau gwahanol oherwydd newidiadau o ganlyniad i ddetholnaturiol. Gan fod y grwpiau'n byw mewn ardaloedd gwahanol â ffynonellau bwyd gwahanol, efallai iddyn nhw addasu i'r amodau gwahanol. Ym mhob achos, byddai'r pryfed â'r addasiadau gorau wedi goroesi, bridio a throsglwyddo eu nodweddion llwyddiannus i'w hepil. Gallai'r broses hon fod wedi parhau nes bod y ddau grŵp o bryfed mor wahanol fel nad oedden nhw'n gallu bridio i gynhyrchu epil ffrwythlon, ac felly'n cael eu dosbarthu'n rhywogaethau gwahanol.

LLYTHRENNEDD

Ymatebion estynedig: Lluniwch/Cynlluniwch (tudalennau 52–53)

Sylwadau ar atebion

1 Byddai'r ateb enghreifftiol hwn yn cael marciau llawn.

I brofi'r rhagdybiaeth hon, yn gyntaf byddech chi'n ychwanegu crynodiad hysbys o'r penisilin at un ddisg, a chrynodiad hysbys o'r tigecyclin at ddisg arall. Dylai fod diamedr pob disg sy'n cynnwys gwrthfiotig yr un fath. Yna, byddech chi'n rhoi pob disg yng nghanol plât agar sy'n cynnwys cyfaint hysbys o grynodiad penodol o feithriniad bacteria. Yna, byddech chi'n magu'r ddwy ddisg ar 37°C am 24 awr.

Yn yr amser hwn, bydd y gwrthfiotig yn tryledu allan o'r ddisg ac i mewn i'r agar. Caiff rhan glir ei chynhyrchu lle mae'r gwrthfiotig yn lladd y bacteria. Dylech chi fesur y rhan glir mae pob disg yn ei chynhyrchu. Yna dylech chi ailadrodd yr ymchwiliad cyfan dair gwaith o leiaf i gyfrifo rhan glir gymedrig.

Dylech chi gymharu'r ddwy ran glir gymedrig hyn, ac os yw'r tigecyclin yn cynhyrchu rhan glir gymedrig fwy na'r penisilin, mae hyn yn profi'r rhagdybiaeth. Os nad yw, mae hyn yn gwrthbrofi'r rhagdybiaeth.

Mae hwn yn ateb rhagorol, a byddai'n cael y 6 marc llawn. Mae'r myfyriwr yn enwi'r newidyn annibynnol yn gywir (y math o wrthfiotig) ac yn nodi sut i'w amrywio (newid y math o wrthfiotig ar y ddisg).

Drwy'r ateb i gyd, mae'r newidynnau rheolydd yn cael eu nodi a'u rheoli'n gywir, er enghraifft disg yr un diamedr, meithriniad bacteria yr un cyfaint a chrynodiad, amser a thymheredd magu. Mae hefyd yn rhoi sylw i ddibynadwyedd yr ymchwiliad drwy awgrymu ailadrodd yr ymchwiliad a chyfrifo rhan glir gymedrig.

Mae'r myfyriwr yn gorffen yn dda drwy gysylltu'n ôl â'r cwestiwn a dweud sut byddai modd profi neu wrthbrofi'r rhagdybiaeth.

Asesu ateb myfyriwr

2 Byddai'r ateb hwn yn cyrraedd lefel 2 ac yn cael 2 farc.

Mae hyn oherwydd ei fod yn ateb rhesymol glir a rhesymegol, ond nid yw'n sôn am ddefnyddio'r un màs na chrynodiad o bob un o'r tri sampl bwyd. Drwy beidio â chadw'r newidyn hwn yn gyson wrth ymchwilio i'r tri sampl, ni fyddai'n bosibl cymharu'r canlyniadau'n iawn. Mae'r ateb yn cael marciau am enwi'r prawf am broteinau yn gywir (biuret) a'r newid lliw sy'n digwydd.

Gwella'r ateb

3 Byddai'r ateb enghreifftiol hwn yn cael y 6 marc llawn:

Yn gyntaf, cydosodwch y ddau dâp mesur i wneud grid. Defnyddiwch eneradur haprifau i eneradu cyfesurynnau. Rhowch y cwadrad ar y cyfesurynnau hyn a chyfrif sawl Taraxacum sydd i'w gweld yn y cwadrad a chofnodi'r rhif hwn. Ailadroddwch yr ymchwiliad ddeg gwaith o leiaf a chyfrifo nifer cymedrig y Taraxacum. Lluoswch y rhif hwn â 4 i roi nifer cymedrig bob m². Yna, gallwch chi luosi'r ateb hwn â 200 i amcangyfrif y boblogaeth ar y tir diffaith.

Ymatebion estynedig: Cyfiawnhewch (tudalennau 54–55)

Sylwadau ar atebion

1 Byddai'r ateb enghreifftiol hwn yn cael marciau llawn.

Mae'r frech goch yn glefyd difrifol iawn sy'n gallu bod yn angheuol. Felly, mae'n bwysig iawn sicrhau bod cymaint â phosibl o blant yn cael eu brechu rhag y frech goch, gan fod hyn yn golygu na fyddan nhw'n dal y clefyd eu hunain. Mae brechu cyfran fawr o blant ifanc hefyd yn atal y frech goch rhag lledaenu.

Haint firol yw'r frech goch, felly allwn ni ddim ei drin â gwrthfiotigau. Mae sicrhau bod y claf yn cael digon o hylifau, a'i fod yn gorffwys, yn driniaeth fwy priodol. Mae'r frech goch yn cael ei lledaenu drwy fewnanadlu defnynnau o disian a phesychu, felly mae cadw pobl sydd wedi'u heintio draw oddi wrth bobl eraill yn gwneud yr haint yn llai tebygol o ledaenu.

Mae hwn yn ateb rhagorol, a byddai'n cael y 6 marc llawn. Mae pob strategaeth sydd wedi'i rhestru yn y tabl yn cael ei chyfiawnhau'n llawn gan ddefnyddio gwybodaeth wyddonol y myfyriwr. Mae hyn yn cynnwys pwysigrwydd brechu cyfran fawr o bobl ifanc i atal y frech goch rhag lledaenu, y rheswm pam nad yw'n bosibl trin y clefyd â gwrthfiotigau a chysylltiad rhwng cadw pobl draw o fannau cyhoeddus a sut caiff y frech goch ei lledaenu.

Mae'r ateb hefyd wedi'i strwythuro'n dda iawn; mae'n rhoi sylw i bob pwynt yn yr un drefn ag y maen nhw'n ymddangos yn y tabl yn y cwestiwn.

Asesu ateb myfyriwr

2 Byddai'r ateb hwn yn cyrraedd lefel 3 ac yn cael 6 marc.

Mae hyn oherwydd ei fod yn ateb clir sydd wedi'i strwythuro'n dda ac yn cyfiawnhau'n llawn beth yw pwysigrwydd pob cam yn y treial, gan gynnwys defnyddio treial dwbl-ddall. Mae'r ateb yn gwahaniaethu rhwng y treialon cynharach ar anifeiliaid ar gyfer diogelwch a'r treialon hwyrach ar fodau dynol ar gyfer y dos, ac mae strwythur yr ateb yn gwneud yn siŵr bod y gwahaniaeth hwn yn glir. Mae hefyd yn esbonio treialon plasebo dwbl-ddall yn dda.

Gwella'r ateb

3 Byddai'r ateb enghreifftiol hwn yn cael y 6 marc llawn:

Mae'r graff yn dangos bod cynyddu arddwysedd golau'n cynyddu cyfradd ffotosynthesis. Drwy gynyddu'r arddwysedd golau yn y tŷ gwydr, bydd y ffermwr yn peri i'r cnydau gyflawni mwy o ffotosynthesis. Mae hyn yn golygu y byddan nhw'n tyfu ar fwy o gyfradd a bydd y ffermwr yn cynyddu eu cynnyrch.

Ar arddwyseddau golau uchel, mae'r graff yn lefelu. Mae hyn oherwydd bod ffactor arall yn cyfyngu ar gyfradd ffotosynthesis a dydy cynyddu arddwysedd golau ddim yn cael effaith bellach. Mae tymheredd yn enghraifft o ffactor gyfyngol arall ar ffotosynthesis. Drwy gynyddu'r tymheredd hefyd, bydd cyfradd ffotosynthesis yn cynyddu i gyfradd uwch fyth hyd yn oed na thrwy gynyddu arddwysedd golau yn unig. Mae hyn yn golygu bod modd cyfiawnhau popeth mae'r ffermwr yn ei wneud, yn wyddonol.

Ymatebion estynedig: Gwerthuswch (tudalennau 56–57)

Sylwadau ar atebion

1 Byddai'r ateb enghreifftiol hwn yn cael marciau llawn.

Dydy'r dystiolaeth ddim yn cefnogi'r casgliad. Mae symudiad yn y ffloem yn digwydd o'r dail i fyny ac i lawr y ffloem, nid dim ond i fyny. Dim ond i fyny o bwynt yr haint mae'r ffwng yn cael ei weld yn symud, oherwydd does dim effaith ar y dail o dan bwynt yr haint.

Mae meinwe sylem yn cludo dŵr ac ïonau mwynol o'r gwreiddiau i'r coesynnau a'r dail, a dim ond i un cyfeiriad mae symudiad yn y sylem yn digwydd (i fyny'r planhigyn). Gan fod y ffwng i'w weld yn symud i fyny o bwynt yr haint ac nid i lawr, mae hyn yn awgrymu bod y ffwng yn cael ei gludo yn y sylem, nid yn y ffloem. Dyma fyddai'r casgliad cywir gan ddefnyddio'r dystiolaeth.

Mae'r ateb hwn yn cael y 6 marc llawn sydd ar gael oherwydd ei fod yn drwyadl ac yn rhoi manylion am yr holl resymau gwyddonol pam mae'r casgliad yn annhebygol o fod yn gywir, gan ddefnyddio'r dystiolaeth sydd wedi'i rhoi yn y cwestiwn. Mae'r ateb hefyd wedi'i strwythuro'n dda, gan wneud datganiad cychwynnol am y casgliad, ynghyd â'r dystiolaeth wyddonol o blaid hyn, ac yna esbonio dewis arall rhesymegol yn glir.

Asesu ateb myfyriwr

2 Byddai'r ateb hwn yn cyrraedd lefel 2 ac yn cael 4 marc.

Er bod yr ateb yn fanwl, nid yw'n canolbwyntio ar yr hyn mae'r cwestiwn yn ei ofyn, ac nid yw'n sôn am y ddau fath o ddiabetes, sef math 1 a math 2.

Mae'r ateb yn gwneud rhyw ymgais i werthuso'r driniaeth drwy ddweud y gallai fod yn ddefnyddiol wrth drin diabetes, ac yna'n mynd ymlaen i esbonio'n gywir beth yw'r wyddoniaeth y tu ôl i hyn. Fodd bynnag, dim ond diabetes math 1 sy'n cael sylw (er nad yw'n ei enwi). Er mwyn cael marciau ar y lefel uchaf, roedd angen gwerthuso sut byddai modd defnyddio'r driniaeth i drin y *ddau* fath o ddiabetes. Byddai hyn yn golygu ffurfio casgliad ynglŷn â pha fath o ddiabetes byddai'r driniaeth yn addas ar ei gyfer (diabetes math 1, ond nid math 2).

Gwella'r ateb

3 Byddai'r ateb enghreifftiol hwn yn cael y 6 marc llawn:

Byddai ychwanegu gwrtaith nitrad yn ffordd ddefnyddiol o drin clorosis y planhigion. Mae cyflwr clorosis yn cael ei achosi'n rhannol gan ddiffyg proteinau, a gallai'r planhigion ddefnyddio'r nitradau yn y gwrtaith i gynhyrchu proteinau. Byddai'r nitradau'n mynd i mewn i'r gwreiddiau drwy gyfrwng cludiant actif, ac yna'n cael eu cludo yn y sylem. Byddai'r nitradau'n cael eu defnyddio i gynhyrchu asidau amino, ac yna bydd y rheini ar gael i syntheseiddio proteinau yn y ribosomau yng nghelloedd y planhigyn.

Fyddai gwrtaith nitrad ddim yn trin y cyflwr yn llawn gan fod diffyg cloroffyl hefyd yn achosi clorosis. Mae angen ïonau magnesiwm i gynhyrchu cloroffyl, felly byddai angen i'r ïonau hyn fod yn y gwrtaith hefyd.

» Gweithio'n wyddonol

Datblygu meddwl gwyddonol (tudalennau 59–62)

1 Y dull gwyddonol yw ffurfio, profi ac addasu rhagdybiaethau drwy arsylwi, mesur ac arbrofi mewn modd systematig.

2 Defnyddiodd Charles Darwin ei arsylwadau ei hun, arbrofion a gwybodaeth newydd am ddaeareg a ffosiliau i ddatblygu ei ddamcaniaeth esblygiad drwy ddethol naturiol. Roedd hon yn wahanol i ddamcaniaethau hŷn fel damcaniaeth Lamarck a oedd yn dweud bod newidiadau sy'n digwydd yn ystod oes organeb yn gallu cael eu hetifeddu. O ganlyniad i dystiolaeth newydd, fel deall mecanweithiau etifeddiad, mae'r ddamcaniaeth wedi cael ei derbyn yn eang.

3 Mae modelau yn bwysig o ran esbonio a disgrifio ffenomenau mewn modd dealladwy, a hefyd o ran gwneud rhagfynegiadau.

4 Unrhyw ddau o'r canlynol, neu enghreifftiau addas eraill:
- cynrychiadol, fel model o adeiledd moleciwl DNA
- mathemategol, fel defnyddio hafaliadau i fodelu twf bacteria
- disgrifiadol, fel disgrifiad o'r gylchred garbon
- cyfrifiannol, fel model cyfrifiadurol i ddangos lledaeniad clefyd heintus mewn poblogaeth.

5 Gallwn ni leihau effaith gorbysgota drwy ddefnyddio technoleg i greu rhwydi â maint rhwyll mawr i adael i bysgod bach, ifanc ddianc.

6 Mae rhai pobl o'r farn bod embryo yn fywyd posibl ac felly fod ganddo hawl i fyw.

7

Perygl	Risg	Lleihau risg drwy wneud y canlynol:
Mae asid hydroclorig yn gyrydol.	Mae risg y gallai asid hydroclorig ddod i gysylltiad â'r croen neu'r llygaid, er enghraifft wrth arllwys yr asid HCl.	Gwisgo sbectol ddiogelwch i atal asid hydroclorig rhag mynd i'r llygaid. Os yw asid hydroclorig yn dod i gysylltiad â'r croen, mae angen golchi'r croen ar unwaith.

8 Yn y broses adolygu gan gymheiriaid, bydd ymchwil yn cael ei werthuso gan wyddonwyr eraill i sicrhau ei fod wedi'i wneud yn gywir, a bod casgliadau'r data arbrofol yn rhesymegol. Os oes unrhyw broblemau â'r data neu'r casgliadau, fydd yr ymchwil ddim yn cael ei gyhoeddi mewn cylchgronau gwyddonol.

9 Mae rhannu canlyniadau tasg ymarferol yn y dosbarth yn rhoi cyfle i chi weld a yw eich canlyniadau'n gyson â chanlyniadau pobl eraill, ac felly a ydyn nhw'n atgynyrchadwy.

CWESTIYNAU ENGHREIFFTIOL

Sgiliau a strategaethau arbrofol (tudalennau 62–67)

1 Esboniad sy'n cael ei gynnig ar sail tystiolaeth gyfyngedig yw rhagdybiaeth, ac rydyn ni'n ei defnyddio hi fel man cychwyn ar gyfer ymchwiliadau pellach.

2 a) i newidyn annibynnol – pellter y golau oddi wrth y dyfrllys
   ii newidyn dibynnol – nifer y swigod sy'n cael eu cynhyrchu mewn 5 munud
   iii dau newidyn rheolydd – rhywogaeth y dyfrllys, màs y dyfrllys.

   b) Dydy mesur cyfaint y nwy drwy gyfrif swigod ddim yn ddull mesur trachywir iawn. Byddai modd defnyddio chwistrell nwy i fesur cyfaint y nwy yn fwy trachywir.

3 Mae data cynrychiadol yn ddata sampl sy'n nodweddiadol o'r ardal neu'r boblogaeth gyffredinol sy'n cael eu samplu.

4 Mae cyfeiliornadau methodoleg yn digwydd o ganlyniad i gamgymeriad wrth gynllunio arbrawf, ac yn arwain at ganlyniadau sydd ddim yn fanwl gywir neu'n drachywir. Cyfeiliornadau wrth gynnal yr ymchwiliad yw rhai sy'n digwydd wrth i'r cynllun gael ei gyflawni, nid oherwydd bod y cynllun ei hun yn anghywir.

5 Mae hyn yn bwysig oherwydd gallai organebau deimlo dan straen am eu bod nhw wedi cael eu symud neu eu rhoi mewn amgylchoedd newydd, a gallai hyn effeithio ar y newidyn rydych chi'n ceisio ei fesur. Drwy roi amser i'r organebau ymgyfarwyddo, dylen nhw ddechrau ymddwyn yn normal eto ac yna gallwch chi wneud mesuriadau manwl gywir.

6 Fydd y sampl ddim yn cyrraedd tymheredd y baddon dŵr ar unwaith, felly fydd ei dymheredd ddim yn gywir. Dim ond ar ôl i'r sampl gyrraedd tymheredd y baddon dŵr y dylai darlleniadau gael eu gwneud.

7 Mae cymryd nifer o samplau gwahanol yn cynyddu'r siawns y bydd y canlyniadau'n gynrychiadol.

Dadansoddi a gwerthuso (tudalennau 67–69)

1 Mae trachywiredd yn mesur pa mor agos mae mesuriadau'n clystyru gyda'i gilydd. Mae manwl gywirdeb yn pennu pa mor agos yw mesuriad at y 'gwir' werth.

2 Gwerthoedd sy'n wahanol iawn i weddill canlyniadau'r ymchwiliad yw canlyniadau afreolaidd.

3 Mae canlyniadau'r ymchwiliad cyntaf yn drachywir oherwydd eu bod nhw wedi'u clystyru'n agos at ei gilydd. Mae'r ail ymchwiliad mwy manwl yn cynhyrchu cymedr sy'n llawer is na'r gwerthoedd yn yr arbrawf cyntaf. Mae hyn yn awgrymu nad yw canlyniadau'r arbrawf cyntaf yn fanwl gywir.

4 Os yw amrediad canlyniadau o gwmpas y cymedr yn fawr, mae llawer o ansicrwydd.

5 Mae hapgyfeiliornadau'n digwydd os yw canlyniadau'n amrywio mewn ffyrdd na allwn ni eu rhagweld, ac mae cyfeiliornadau systematig yn digwydd oherwydd bod canlyniadau mesuriadau'n wahanol i'r gwir werth yr un faint bob tro (fel arfer oherwydd cyfarpar diffygiol).

6 Gallech chi leihau effaith hapgyfeiliornadau drwy wneud mwy o fesuriadau a chyfrifo gwerth cymedrig.

7 Gwneud yn siŵr bod y cyfarpar yn ddigon trachywir a bod gweithdrefnau arbrofol yn cael eu dilyn yn gywir.

8 Mae mesuriadau'n ailadroddadwy pan fydd yr un ymchwilydd yn cael canlyniadau tebyg wrth ailadrodd yr ymchwiliad dan yr un amodau. Mae mesuriadau'n atgynyrchadwy pan fydd ymchwilwyr gwahanol yn cael canlyniadau tebyg wrth ddefnyddio cyfarpar gwahanol.

9 Mae canlyniadau ailadroddadwy'n cael eu gwneud dan yr un amodau a gan yr un ymchwilydd, felly gallai'r un cyfeiliornad systematig ddigwydd bob tro. Mae canlyniadau atgynyrchadwy'n cael eu casglu gan wahanol ymchwilwyr â gwahanol gyfarpar, felly mae'n llai tebygol y byddan nhw'n gwneud yr un cyfeiliornadau systematig.

10 Mae barrau amrediad mawr yn dangos canlyniadau ansicr gan fod amrediad y canlyniadau o gwmpas y cymedr yn fawr.

» Cwestiynau enghreifftiol

Papur 1 (tudalennau 98–102)

1 a) Gametau [1]

   b) Mae nifer y cromosomau'n haneru yn ystod meiosis [1], felly mae gan yr epilgell hanner nifer y cromosomau sydd yn y rhiant-gell ar ôl y pwynt lle mae meiosis yn digwydd [1].

   c) Drwy newid i fod â hanner nifer y cromosomau, mae hyn yn golygu, pan fydd y ddau gamet yn asio yn ystod ffrwythloniad [1], y bydd y gell sy'n cael ei ffurfio â'r nifer llawn a chywir o gromosomau [1].

   ch) Rhowch un marc am nifer y cromosomau cychwynnol cywir, un marc am gynnal nifer y cromosomau ar ôl mitosis.

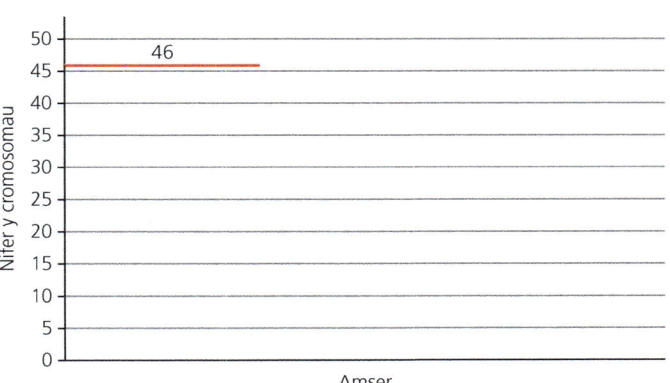

ATEBION

2 a) Mae'r indecs màs y corff (BMI) cyfartalog yn cynyddu dros amser. [1]

b) Dros amser, mae cynnydd wedi bod yn nifer y bobl sy'n ordew neu dros bwysau [1] oherwydd deietau afiach (neu derbyniwch unrhyw ffactor ffordd o fyw addas arall) [1]. Mae gan bobl sy'n ordew neu dros bwysau BMI uwch [1].

c) BMI = màs mewn kg ÷ (uchder mewn m)^2

150 cm = 1.5 m

Màs mewn kg = BMI × (uchder mewn m)^2

Màs mewn kg = 25 × (1.5^2) [1]

Màs mewn kg = 25 × 2.25 [1]

Màs mewn kg = 56.25 kg [1]

3 a) Mae swcros yn cael ei gludo drwy'r ffloem [1] mewn proses sy'n dibynnu ar yr egni sy'n cael ei ryddhau wrth resbiradu [1], wrth i'r gwenwyn metabolaidd atal resbiradaeth, mae'r cludiant yn y ffloem yn stopio [1]. Mae dŵr yn cael ei gludo yn y sylem sy'n gelloedd marw [1], felly does dim angen egni o resbiradaeth ar y broses hon felly dydy'r gwenwyn ddim yn effeithio arni [1].

b) Mae dŵr yn symud i fyny'r coesyn yn y llif trydarthol [1]. I wneud hyn, mae angen i ddŵr anweddu allan o'r stomata, ond bydd y gwenwyn metabolaidd yn atal y stomata rhag agor, sy'n golygu na fydd dŵr yn teithio i fyny'r coesyn [1].

c) Caiff ïonau mwynol eu cludo yn y sylem, a dydy'r gwenwyn metabolaidd ddim yn effeithio ar hyn [1].

4 a) 1500 μm = 1.5 × 10^3 [un marc am y ffigurau ystyrlon cywir, un marc am ddefnyddio ffurf safonol yn gywir.]

b) Mae gan y rhydweli wal drwchus i wrthsefyll pwysedd uchel llif gwaed [1]. Mae gwythiennau'n cludo gwaed ar bwysedd is, felly mae eu waliau'n deneuach [1]. Mae gan gapilarïau waliau tenau iawn i ganiatáu i nwyon a sylweddau eraill dryledu i mewn ac allan ohonyn nhw [1].

c) Mae clefyd coronaidd y galon yn effeithio ar y rhydwelïau [1]. Wrth i'r rhydwelïau coronaidd gael eu blocio, dydy'r galon ddim yn derbyn ocsigen [1].

5 a) Arwynebedd arwyneb : cyfaint = 100 : 0.002 [1]
= (100 × 500) : (0.002 × 500) = 50 000 : 1 [1]

b) Arwynebedd arwyneb : cyfaint = 1.8 : 0.1 [1]
= (1.8 ×10) : (0.1 ×10) = 18 : 1 [1]

c) Mae gan yr alfeoli gymhareb arwynebedd arwyneb : cyfaint lawer mwy nag un y bod dynol [1]. Mae hyn yn dangos na fyddai trylediad drwy arwyneb allanol y bod dynol yn ddigon cyflym [1] i fodloni anghenion y bod dynol, felly mae angen yr alfeoli [1].

ch) 15 mm = 15 000 μm [1].

Chwyddhad = maint y ddelwedd ÷ maint y gwrthrych

Chwyddhad = 15 000 ÷ 2 [1]

Chwyddhad = 7500 [1]

d) Na fyddai [1]. Mae'r cwestiwn yn rhoi arwynebedd arwyneb a thrwch y bilen dryledu, ac mae angen y rhain i gyfrifo deddf Fick [1]. Fodd bynnag, mae angen y gwahaniaeth crynodiad hefyd, a dydy hwn ddim wedi'i roi [1].

dd) Mae gan yr ysgyfaint gyflenwad gwaed effeithlon [1] ac maen nhw hefyd wedi'u hawyru [1].

6 a) *i Mae DNA ligas yn uno [1] dau ddarn o DNA o organebau gwahanol â'i gilydd [1].

***ii** Mae ensymau cyfyngu yn torri DNA [1] mewn mannau penodol [1].

b) i Mae'r genynnau hyn sy'n rhoi ymwrthedd i wrthfiotigau yn cael eu defnyddio fel marcwyr [1] i ddarganfod pa facteria sydd wedi derbyn y plasmid wedi'i beiriannu'n enynnol [1].

ii Gallai bacteria sy'n cael eu defnyddio ar gyfer peirianneg genynnau drosglwyddo'r genyn sy'n rhoi ymwrthedd i wrthfiotigau i facteria pathogenaidd [1], gan arwain at ledaenu ymwrthedd i wrthfiotigau [1].

7 Rhowch farciau am y cynnwys dangosol sydd wedi'i roi, hyd at uchafswm o chwe marc:

Cynnwys dangosol:

- Recriwtio cyfranogwyr o'r un rhyw, oed, lefel ffitrwydd.
- Mesur cyfradd curiad y galon cyn ymarfer corff i ddarganfod y lefel wrth orffwys.
- Sicrhau bod cyfradd curiad y galon ar y lefel orffwys cyn cofnodi cyfradd curiad y galon.
- Dylai cyfranogwyr wneud yr un math o ymarfer corff (er enghraifft, rhedeg yn yr unfan) am gyfnod penodol (er enghraifft, 2 funud).
- Mesur yr amser mae'n ei gymryd i bob cyfranogwr fynd yn ôl i gyfradd curiad y galon wrth orffwys.
- Defnyddio'r amseroedd i gyfrifo amser cymedrig i fynd yn ôl i gyfradd curiad y galon wrth orffwys.
- Ar ôl gorffwys am gyfnod penodol, ailadrodd yr ymchwiliad gan wneud ymarfer corff am gyfnodau hirach (er enghraifft 4 munud, 6 munud, 8 munud a 10 munud).
- Cymharu'r amser cymedrig mae'n ei gymryd i fynd yn ôl i gyfradd curiad y galon wrth orffwys ar gyfer y gwahanol gyfnodau ymarfer corff.

8 *a) Rhowch farciau fel a ganlyn:

- [1] am raddfa addas ar yr echelin.
- [1] am echelin wedi'i labelu'n gywir.
- [2] am blotio 5 pwynt yn gywir.
- [−1] am bob camgymeriad.

CWESTIYNAU ENGHREIFFTIOL

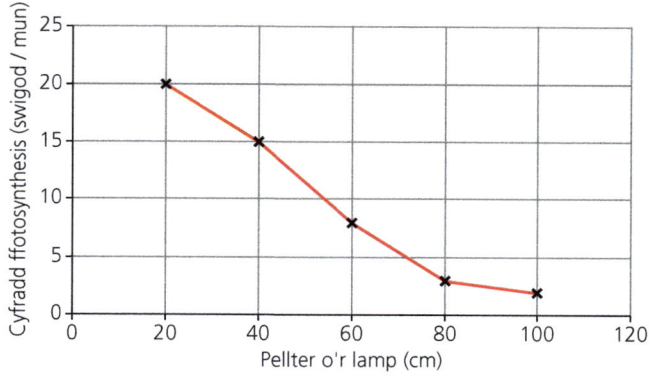

b) i [1]

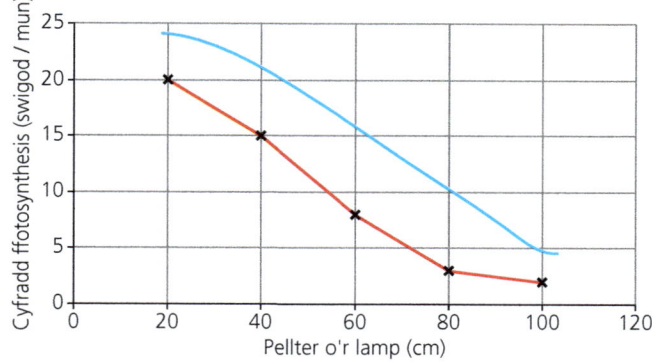

ii Byddai cyfradd ffotosynthesis yn uwch ar bob pellter gan fod tymheredd yn cyfyngu ar gyfradd yr adwaith [1]. Bydd cynyddu'r tymheredd yn arwain at gyfradd ffotosynthesis uwch [1].

9 *a) Mae proteinau'n cael eu syntheseiddio ar ribosomau [1] felly os yw'r tRNA wedi'i atal rhag trosglwyddo asidau amino i'r ribosom, fydd yr asidau amino ddim yn cael eu hychwanegu at y gadwyn brotein sy'n tyfu [1]. Mae hyn yn golygu na fydd y proteinau sydd eu hangen ar y bacteria i dyfu yn cael eu cynhyrchu [1].

b) r = diamedr ÷ 2

r = 6 ÷ 2 = 3 cm

A = πr^2

A = $\pi \times 3^2$ [1]

A = $\pi \times 9$ = 28.3 cm² [1]

c) Firws sy'n achosi HIV [1]. Mae linezolid yn wrthfiotig. Allwn ni ddim trin firysau â gwrthfiotigau [1].

ch) Yn wahanol i linezolid, mae penisilin yn wrthfiotig naturiol [1] a gafodd ei ddarganfod, nid ei syntheseiddio, gan ei fod yn cael ei gynhyrchu gan y llwydni *Penicillium* [1].

10 a) Gair cyntaf yr enw yw genws y gragen las (*Mytilus*). [1] neu Rhywogaeth yw *edulis*. [1]

b) Rhowch un marc am bob ateb cywir mewn teip trwm isod.

Teyrnas	**Anifail**
Ffylwm	Mollusca
Dosbarth	Bivalvia
Urdd	Ostreoida

c) Mae'r gragen las yn perthyn i barth yr ewcaryotau [1] gan ei bod yn anifail [1] NEU mae ganddi ddefnydd genynnol wedi'i gau mewn cnewyllyn [1].

11 a) i Bydd poblogaeth pryfed y cerrig yn lleihau, [1] a bydd poblogaeth y diatomau a'r algâu yn cynyddu [1].

ii Bydd poblogaeth y gelod a phryfed y cerrig yn lleihau [1], a gallai hynny arwain at gynnydd ym mhoblogaethau'r berdys a'r gwybed Mai [1].

b) i cynhyrchydd – diatomau ac algâu [1]

ii ysydd cynradd – berdys neu wybed Mai [1]

iii ysydd eilaidd – gelod neu bryfed y cerrig [1]

c) Byddai cynnydd yn y mwydod llaid yn dangos bod y dŵr wedi'i lygru [1] gan fod mwydod llaid yn rhywogaeth ddangosol [1].

*12 Rhowch farciau am y cynnwys dangosol sydd wedi'i roi, hyd at uchafswm o chwe marc:

Cynnwys dangosol:

- Mae hormon symbylu ffoliglau (FSH) yn achosi i'r wy aeddfedu yn yr ofari.
- Mae hormon lwteineiddio (LH) yn symbylu ofwliad, sef rhyddhau'r wy.
- Mae hyn yn digwydd tuag unwaith bob 28 diwrnod ar ôl y glasoed.
- Mae'r hormonau oestrogen a phrogesteron yn ymwneud â chynnal leinin y groth.
- Mae pils atal cenhedlu yn cynnwys hormonau sy'n atal cynhyrchu FSH.
- Mae hyn yn atal wyau rhag aeddfedu.
- Pigiad, mewnblaniad neu glwtyn ar y croen sy'n rhyddhau progesteron yn araf.
- Mae progesteron yn atal aeddfedu wyau a rhyddhau wyau.

Termau allweddol

Adolygu gan gymheiriaid: Y broses lle mae arbenigwyr yn yr un maes astudio yn gwerthuso canfyddiadau gwyddonydd arall cyn ystyried eu cynnwys mewn cyhoeddiad gwyddonol.

Adolygu gweithredol: Adolygu lle rydych chi'n trefnu ac yn defnyddio'r deunydd rydych chi'n ei adolygu. Mae hyn yn wahanol i adolygu goddefol, sy'n cynnwys gweithgareddau fel darllen neu gopïo nodiadau lle dydych chi ddim yn meddwl yn weithredol.

Allanolyn: Pwynt data sy'n llawer mwy neu'n llawer llai na'r pwynt data agosaf ato.

Allosod: Estyn graff i amcangyfrif gwerthoedd.

Cwadradau: Offer i fesur toreithrwydd organebau ansymudol.

Cydberthyniad negatif: Mae hyn yn digwydd os yw un maint yn tueddu i leihau wrth i'r maint arall gynyddu.

Cydberthyniad positif: Mae hyn yn digwydd os yw un maint yn tueddu i gynyddu wrth i'r maint arall gynyddu.

Cydraniad: Pa mor fanwl gallwn ni ddarllen offeryn.

Cyfannol: Pan fydd cysylltiad rhwng pob rhan o bwnc, a'r ffordd orau o'u deall nhw yw drwy gyfeirio at y pwnc cyfan.

Cyfeiliornad paralacs: Gwerth neu safle gwrthrych yn edrych yn wahanol oherwydd gwahanol linellau golwg.

Cymedr: Math o gyfartaledd yw'r cymedr. Cymedrig yw'r ansoddair.

Cymedr rhifyddol: Cyfanswm set o werthoedd wedi'i rannu â nifer y gwerthoedd yn y set – cyfartaledd yw'r enw arno weithiau.

Cymhareb: Ffordd o gymharu meintiau; er enghraifft, cymhareb tri afal a phedwar oren yw 3:4.

Data categorïaidd: Data sy'n gallu cymryd un o nifer cyfyngedig o werthoedd (neu gategorïau). Math o ddata toredig yw data categorïaidd.

Data cynrychiadol: Data sampl sy'n nodweddiadol o'r ardal neu'r boblogaeth gyffredinol sy'n cael eu samplu.

Data di-dor: Data sy'n gallu cymryd unrhyw werth ar raddfa ddi-dor, er enghraifft hyd mewn metrau.

Data toredig: Data sy'n gallu cymryd amrediad cyfyngedig o wahanol werthoedd, er enghraifft lliw llygaid.

Diagram gwasgariad: Graff wedi'i blotio rhwng dau faint i weld a oes perthynas rhwng y ddau.

Dibynadwyedd: Pan fydd pobl wahanol yn ailadrodd yr un arbrawf ac yn cael yr un canlyniadau.

Digidau ffug: Digidau sy'n gwneud i werth sydd wedi'i gyfrifo edrych yn fwy trachywir na'r data a gafodd eu defnyddio yn y cyfrifiad gwreiddiol.

Dim cydberthyniad: Does dim perthynas o gwbl rhwng dau faint.

Dull gwyddonol: Ffurfio, profi ac addasu rhagdybiaethau drwy arsylwi, mesur ac arbrofi mewn modd systematig.

Ecolegol: Y berthynas rhwng organebau byw a'i gilydd ac a'u hamgylchoedd ffisegol.

Enwadur: Y rhif o dan y llinell mewn ffracsiwn.

Ffactor gyffredin: Rhif cyfan sy'n rhannu i mewn i'r enwadur a'r rhifiadur mewn ffracsiwn i roi rhifau cyfan.

Ffenomen: Arsylwad sy'n gwneud i chi ofyn cwestiynau. Ffurf luosog ffenomen yw ffenomau.

Ffracsiwn: Rhif sy'n cynrychioli rhan o rif cyfan.

Geometreg: Y gangen o fathemateg sy'n ymwneud â siâp a maint.

Graddfa ddi-dor: Graddfa sy'n cynnwys cynyddiadau â bylchau hafal rhyngddyn nhw.

Gwerth lle: Gwerth digid mewn rhif, er enghraifft yn 926, mae gan y digidau y gwerthoedd 900, 20 a 6 i roi'r rhif 926.

Hypotenws: Ochr hiraf triongl ongl sgwâr.

Isluosrifau: Ffracsiynau uned sylfaenol neu uned ddeilliadol, fel centi- yn y term centimetr.

Lleoedd degol: Nifer y cyfanrifau sy'n cael eu rhoi ar ôl pwynt degol.

Lluosrifau: Niferoedd mawr o unedau sylfaenol neu ddeilliadol, fel cilo- yn y term cilogram.

Manwl gywirdeb: Pa mor agos ydyn ni at gyrraedd gwir werth mesuriad.

Materion moesegol: Materion lle mae angen dewis rhwng gwahanol opsiynau sy'n cael eu gweld yn dda (moesegol) neu'n ddrwg (anfoesegol) o safbwynt moesol.

TERMAU ALLWEDDOL

Newidyn annibynnol: Y newidyn mae ymchwilydd yn penderfynu ei newid.

Newidyn dibynnol: Y newidyn sy'n cael ei fesur yn ystod ymchwiliad.

Newidynnau rheolydd: Y newidynnau, heblaw'r newidyn annibynnol, a fyddai'n gallu effeithio ar y newidyn dibynnol, ac sydd felly'n cael eu cadw'n gyson a heb eu newid.

Perthynas achosol: Y rheswm pam mae un maint yn cynyddu (neu'n lleihau) yw bod y maint arall hefyd yn cynyddu (neu'n lleihau).

Prawf teg: Prawf lle mae un newidyn annibynnol, un newidyn dibynnol, a phob newidyn arall yn cael ei reoli.

Rhagdybiaeth: Esboniad sy'n cael ei gynnig ar gyfer ffenomen; mae rhagdybiaeth yn cael ei defnyddio fel man cychwyn ar gyfer profion pellach.

Rhyngdoriad: Y pwynt ar graff lle mae'r llinell yn croesi un o'r echelinau.

Sero arweiniol: Sero o flaen digid sydd ddim yn sero, er enghraifft mae gan 0.6 un sero arweiniol.

Sero dilynol: Sero ar ddiwedd rhif.

Sgìl uwch: Sgìl heriol mae'n anodd ei feistroli ond sy'n rhoi llawer o fudd i chi ar draws y pynciau.

Tarddbwynt: Dechrau echelin graff.

Trachywiredd: Mesuriadau trachywir yw rhai ag amrediad bach.

Trefn maint: Os ysgrifennwn ni rif ar ffurf safonol, y pŵer 10 agosaf yw ei drefn maint.

Trigonometreg: Y gangen o fathemateg sy'n ymwneud â'r hydoedd a'r onglau mewn trionglau.

Unedau sylfaenol: Mae'r system SI wedi'i seilio ar yr unedau hyn.

Geiriau gorchymyn

Amcangyfrifwch: Mae cwestiynau 'Amcangyfrifwch' yn gofyn i chi roi gwerth bras i rywbeth. Does dim rhaid i amcangyfrifon roi'r union werth cywir, ond dylen nhw fod yn weddol agos at yr ateb cywir.

Awgrymwch: Mae cwestiwn 'Awgrymwch' yn gofyn i chi gymhwyso eich gwybodaeth a'ch dealltwriaeth at sefyllfa newydd.

Brasluniwch: Mae cwestiynau 'Brasluniwch' yn gofyn i chi wneud lluniad bras o rywbeth. Fodd bynnag, mae angen i frasluniau fod mor daclus a chlir â phosibl. Bydd y rhan fwyaf o gwestiynau braslunio yn gofyn i chi luniadu graffiau.

Cwblhewch: Mae cwestiwn 'Cwblhewch' yn gofyn i chi gwblhau rhywbeth sydd wedi cael ei ddechrau 'n barod yn y man priodol. Gallai fod yn ddiagram, yn fylchau mewn brawddeg neu'n fylchau mewn tabl.

Cyfiawnhewch: Mae cwestiynau 'Cyfiawnhewch' yn gofyn i chi ddefnyddio tystiolaeth o'r wybodaeth sydd wedi'i rhoi i chi i gefnogi ateb. Wrth ateb cwestiynau 'Cyfiawnhewch', mae'n bwysig gwneud yn siŵr eich bod chi'n defnyddio'r wybodaeth sydd wedi'i rhoi yn y cwestiwn yn llawn.

Cyfrifwch: Mae cwestiynau 'Cyfrifwch' yn gofyn i chi ddefnyddio rhifau neu ddata sydd wedi'u rhoi yn y cwestiwn i ganfod ateb.

Cymharwch: I ateb cwestiwn 'Cymharwch', mae angen i chi ddisgrifio sut mae pethau'n debyg a/neu yn wahanol i'w gilydd. Yr hyn sy'n allweddol wrth ateb cwestiynau 'Cymharwch' yw sicrhau eich bod chi'n cynnwys datganiadau sy'n cymharu.

Cynlluniwch: Fel arfer, bydd cwestiwn 'Cynlluniwch' yn gofyn i chi ysgrifennu dull. Dylech chi ysgrifennu pwyntiau clir a chryno ynglŷn â sut i weithredu neu wneud tasg.

Dangoswch: Mae cwestiynau 'Dangoswch' yn gofyn i chi roi tystiolaeth i ddod i gasgliad. I ateb y mathau hyn o gwestiynau, fel arfer byddai angen i chi ddefnyddio gwybodaeth sydd wedi'i rhoi yn y cwestiwn yn eich ateb.

Darganfyddwch: Mae cwestiynau 'Darganfyddwch' yn gofyn i chi ddefnyddio data neu wybodaeth sydd wedi'u rhoi i gael ateb i'r cwestiwn dan sylw.

Defnyddiwch: Mae'n rhaid i'r ateb i gwestiwn 'Defnyddiwch' fod yn seiliedig ar y wybodaeth sydd wedi'i rhoi yn y cwestiwn. Mae hyn yn bwysig iawn oherwydd os nad ydych chi'n defnyddio'r wybodaeth yn y cwestiwn, nid yw'n bosibl rhoi marciau. Mewn rhai achosion, efallai y bydd angen i chi ddefnyddio rhywfaint o'ch gwybodaeth a'ch dealltwriaeth eich hun hefyd.

Dewiswch: Mae'r gair gorchymyn 'Dewiswch' yn gofyn i chi ddewis un o wahanol ddewisiadau sydd wedi'u rhoi yn y cwestiwn. Gwnewch yn siŵr eich bod chi'n dewis un o'r dewisiadau sydd wedi'u rhoi.

Diffiniwch: Mae cwestiynau 'Diffiniwch' yn gofyn i chi nodi beth yw ystyr rhywbeth. Fel arfer, bydd angen i chi ddiffinio gair neu derm allweddol, felly mae'n bwysig iawn dysgu diffiniadau pob gair allweddol a therm allweddol yn gywir.

Disgrifiwch: Mae cwestiynau 'Disgrifiwch' yn gofyn i chi gofio ffeithiau, digwyddiadau neu brosesau, ac ysgrifennu amdanyn nhw mewn ffordd gywir. Dim ond disgrifiad sydd ei angen ar gyfer y gair gorchymyn hwn; hynny yw, does dim angen esbonio pam mae rhywbeth yn digwydd

Enwch: Dim ond ateb byr sydd ei angen i gwestiynau sy'n gofyn i chi 'Enwi' rhywbeth – dim esboniad na disgrifiad.

Esboniwch: Mae cwestiynau 'Esboniwch' yn gofyn i chi wneud rhywbeth yn glir, neu nodi'r rhesymau pam mae rhywbeth yn digwydd.

Gwerthuswch: I ateb cwestiwn 'Gwerthuswch', dylech chi ddefnyddio gwybodaeth sydd yn y cwestiwn, a'r hyn rydych chi'n ei wybod, i ystyried tystiolaeth o blaid ac yn erbyn. Fel arfer, caiff y gair gorchymyn hwn ei ddefnyddio mewn cwestiynau atebion hirach, a dylech chi sicrhau eich bod chi'n rhoi pwyntiau o blaid ac yn erbyn y syniad mae gofyn i chi ei werthuso.

Labelwch: Mae cwestiwn 'Labelwch' yn gofyn i chi roi enwau priodol ar ddiagram. Fel arfer, bydd llinellau labeli wedi'u tynnu ar y diagram yn barod i chi eu cwblhau, ond efallai y bydd angen i chi dynnu'r llinellau hefyd.

GEIRIAU GORCHYMYN

Lluniadwch: Mae cwestiynau 'Lluniadwch' yn gofyn i chi gynhyrchu diagram – neu ychwanegu ato. Y prif beth yma yw sicrhau bod eich lluniadau mor glir a thaclus â phosibl.

Lluniwch: Mae cwestiynau 'Lluniwch' yn gofyn i chi amlinellu sut caiff rhywbeth ei wneud. Fel arfer, bydd hyn yng nghyd-destun llunio arbrawf.

Mesurwch: Mae cwestiynau 'Mesurwch' yn gofyn i chi ddod o hyd i eitem o ddata ar gyfer mesur penodol, ac fel arfer bydd hyn yn golygu defnyddio diagram i ddarganfod gwerth.

Nodwch (*Identify*): Mae cwestiwn 'Nodwch' yn gofyn i chi enwi rhywbeth neu nodi beth ydyw mewn ffordd arall.

Penderfynwch: Mae cwestiynau 'Penderfynwch' yn gofyn i chi ddefnyddio data sy'n cael ei roi mewn cwestiwn i ddatrys problem.

Plotiwch: Bydd cwestiwn 'Plotiwch' yn gofyn i chi farcio ar graff gan ddefnyddio data sydd wedi'u rhoi. Byddwch yn ofalus wrth blotio pwyntiau neu luniadu barrau, oherwydd bydd yr arholwr yn gwirio pob un.

Rhagfynegwch: Mae cwestiwn 'Rhagfynegwch' yn gofyn i chi roi canlyniad credadwy. Mae hyn yn golygu defnyddio eich gwybodaeth wyddonol i roi'r canlyniad mwyaf tebygol i sefyllfa.

Rhowch: Dim ond ateb byr sydd ei angen i gwestiwn 'Rhowch', fel enw proses neu ffurfiad. Does dim angen esboniad na disgrifiad.

Ysgrifennwch: Dim ond ateb byr sydd ei angen i gwestiynau sy'n gofyn i chi 'Ysgrifennu' – dim esboniad na disgrifiad. Fel arfer, caiff y gair gorchymyn hwn ei ddefnyddio pan fydd angen ysgrifennu'r ateb mewn lle penodol, er enghraifft mewn blwch neu dabl.